Luise

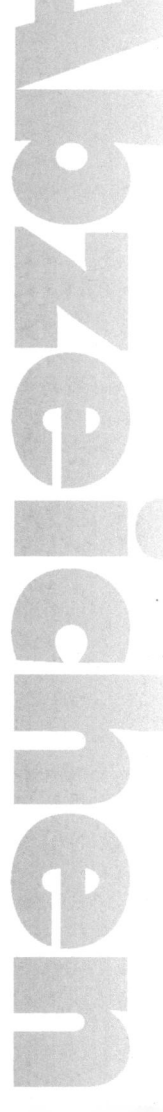

Basispass
Pferdekunde

Deutsche
Reiterliche
Vereinigung

Impressum

Bibliografische Information der Deutschen Nationalbibliothek
Die Deutsche Nationalbibliothek verzeichnet diese Publikation
in der Deutschen Nationalbibliografie; detaillierte bibliografische Daten
sind im Internet über http://dnb.d-nb.de abrufbar.

12. Auflage 2014

Herausgeber
Deutsche Reiterliche Vereinigung e.V. -Bereich Sport- Abt. Ausbildung und Wissenschaft
– Bundesverband für Pferdesport und Pferdezucht, Fédération Equestre Nationale (FN),
Warendorf.

Text
erstellt und erarbeitet von ISABELLE VON NEUMANN-COSEL,
Mannheim

Beratung
MICHAEL PUTZ, ehemaliger Leiter der Westfälischen Reit- und Fahrschule,
Münster (1986-2001)
KLAUS HARMS, Koordinierungsgremium Breitensport, Betriebe und Vereine der Deutschen
Reiterlichen Vereinigung e.V. (FN)
sowie
EVA LEMPA-RÖLLER, Abteilung Ausbildung und Wissenschaft,
GERLINDE HOFFMANN, Abteilung Umwelt und Pferdehaltung,
DR. MICHAEL DÜE, Abteilung Veterinärmedizin und
DR. KLAUS MIESNER, Bereich Zucht.
Alle Deutsche Reiterliche Vereinigung e.V. (FN), Warendorf

Lektorat
DR. CARLA MATTIS, Warendorf

Fotos Buchumschlag
THOMS LEHMANN, Warendorf: Titelfoto
JULIA RAU, Mainz (entnommen aus „Olympia der Reiter. London 2012", **FN**verlag,
Warendorf, 2012), 4. Umschlagseite

Fotos Inhalt
ADELHEID BORCHARDT, Warendorf: Seite 39
JEAN CHRISTEN, Mannheim: Seiten 71, 119, 126, 129 (entnommen aus „Das Pferdebuch
für junge Reiter", **FN**verlag, Warendorf)
RICARDA MERTENS, Mannheim: Seiten 82, 89, 101 (2), 111
C.T. NEBE, Ladenburg: Seiten 52, 64, 108, 110 (2), 114 (2), 121 (5), 123 (4)
PETER PROHN, Barmstedt: Seite 122 (entnommen aus „Kleines Hufeisen, Steckenpferd,
Großes Hufeisen, Kombiniertes Hufeisen. So klappt die Prüfung", **FN**verlag, Warendorf)
JULIA RAU, Mainz: Seite 3 (entnommen aus „Olympia der Reiter. London 2012",
FNverlag, Warendorf, 2012)
AXEL THEUNISSEN, Mannheim: Seiten 58, 66, 86, 87, 97, 113, 115, 130
BENJAMIN WILD, Starnberg: Seite 88 (entnommen aus „Gelassenheit im Pferdesport" von
Geog W. Fink, **FN**verlag, Warendorf)

Zeichnungen und Illustrationen
JEANNE KLOEPFER, Lindenfels
außer Seite 91: CORNELIA KOLLER, Dierkshausen; entnommen aus „Grundausbildung für
Reiter und Pferd. Richtlinien für Reiten und Fahren, Band 1", Deutsche Reiterliche
Vereinigung (Hrsg.), **FN**verlag, Warendorf, 2012

Gesamtgestaltung
mf-graphics, MARIANNE FIETZECK, Gütersloh

Lithographie
Scanlight GmbH, Marienfeld; mf-graphics, Gütersloh

Druck und Verarbeitung
Media-Print Informationstechnologie GmbH, Paderborn

ISBN 978-3-88542-797-1

Erfolg im Sport setzt nicht nur Können, sondern auch Wissen voraus – das gilt an der Basis wie an der Spitze. Mehr und besseres Wissen über Pferde kommt dem gesamten Sport und damit uns allen zugute. Auch wir Spitzensportler tragen im Umgang mit dem Pferd eine besondere Verantwortung: zum einen verlangen wir Spitzenleistungen von unseren Pferden, zum anderen müssen wir unserer Vorbildfunktion im Reitsport gerecht werden.

Nur Pferde, die artgerecht gehalten und fachgerecht behandelt werden, sind überhaupt in der Lage, über einen längeren Zeitraum hinweg hohe Leistungen zu erbringen. Daher respektiere ich bei der Haltung und Ausbildung meiner Pferde ganz besonders ihre natürliche Veranlagung und ihre Bedürfnisse. Eine optimale Pflege, vorbeugende Gesundheitsfürsorge, regelmäßiger Bewegungsausgleich und sicherheitsbewusste Handgriffe am Pferd sind ebenso entscheidend für den Erfolg wie die Planung des systematischen Trainings.

Für viele Pferdefreunde und Pferdesportler ist die Begegnung mit dem Pferd heutzutage keine Selbstverständlichkeit mehr, sondern Neuland. Das fachliche Know-how für den sicheren und tierschutzgerechten Umgang muss erst Schritt für Schritt erlernt werden. Ein erstes wichtiges Ziel für dieses notwendige Lernen kann die Prüfung zum Abzeichen „Basispass Pferdekunde" sein.

Daher wünsche ich dem vorliegenden Buch, in dem das Grundwissen für alle Pferdefreunde in Kompaktform dargestellt ist, viele aufmerksame Leser.

Ludger Beerbaum

Inhalt

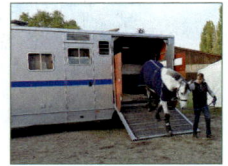

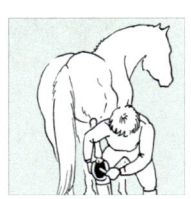

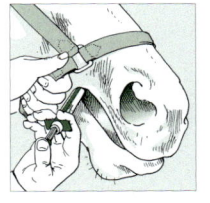

Basispass Pferdekunde – Ein Buch zur Vorbereitung auf die Prüfung

Dieses Buch gilt als offizielles Lehrwerk zur Vorbereitung auf die Prüfung zum Abzeichen Basispass Pferdekunde. Der Inhalt entspricht den in der APO 2014 (Ausbildungs- und Prüfungs-Ordnung) festgelegten Anforderungen und ist mit den FN-Fachabteilungen abgestimmt.

In diesem Buch wird das Grundwissen über Pferde mit allen wichtigen Hintergrundinformationen und Zusammenhängen detailliert erklärt und übersichtlich dargestellt. Der Prüfungsstoff und die unverzichtbaren Regeln für den Umgang mit dem Pferd sind besonders hervorgehoben.

Auf den vorhergehenden Seiten findest du ein ausführliches Inhaltsverzeichnis. Darin kannst du dich schnell orientieren, wenn du Informationen zu einem bestimmten Thema suchst.

Lautäußerungen im Überblick

- Hier findest du Informationen auf einen Blick.

Safety first

- Hier findest du die unverzichtbaren Hinweise für den sicheren Umgang mit dem Pferd. Sie sind nicht nur für die Prüfung, sondern für die Sicherheit bei jeder Begegnung von Mensch und Pferd ausschlaggebend.

Wichtig zu wissen

- Hier findest du den Prüfungsstoff in Kurzform.
- Nach allem, was in diesen Rubriken steht, kannst du in der Prüfung gefragt werden.

Tipps für die Prüfung

- Am Ende jedes Kapitels findest du Tipps für die Prüfung. Mit diesen Empfehlungen kannst du dich selbstständig auf die praktische Prüfung vorbereiten.

Ein neues Abzeichen der Deutschen Reiterlichen Vereinigung

Seit dem Jahr 2000 gibt es das Abzeichen **Basispass Pferdekunde**. Es nimmt unter den Abzeichen der Deutschen Reiterlichen Vereinigung FN eine Sonderstellung ein: Wer ein Reitabzeichen (ab RA 5), ein Geländereitabzeichen oder ein Abzeichen im Fahren, Longieren oder Voltigieren erwerben will, muss vorher die Prüfung zum Basispass Pferdekunde bestehen. (Sonderregelung: Die beiden Reitabzeichen RA 7 und RA 6 können gemeinsam den Basispass ersetzen).

In diesem Abzeichen geht es nicht um Fertigkeiten im Reitsport, sondern ausschließlich um den **Partner Pferd**. Wer die Prüfung bestehen will, muss **Grundkenntnisse über Pferde**, ihre Bedürfnisse, Haltung und Pflege unter Beweis stellen und die grundlegenden **Handgriffe im Umgang mit dem Pferd** fachgerecht demonstrieren können.

Daher eignet sich das Abzeichen auch für **nicht reitende Pferdefreunde**, z.B. Eltern reitender Kinder oder Nichtreiter, deren Partner(innen) den Reitsport ausüben. Schließlich bietet das Abzeichen auch einen guten **Einstieg in den Pferdesport**.

Abzeichen im Pferdesport

	Die Abzeichen Reiten (RA), Fahren (FA), Westernreiten (WRA), Longieren (LA), Voltigieren (VA)										
Erfolge		RA Gold				FA Gold			WRA Gold			VA Gold
Prüfung oder Erfolge		RA 1 Dressur	RA 1	RA 1 Springen	RA 1 Turniererfolge	FA 1 1-/2-Spänner	FA 1 4-Spänner	FA 1 Turniererfolge				VA 1
		RA 2 Dressur	RA 2	RA 2 Springen	RA 2 Turniererfolge	FA 2 1-/2-Spänner	FA 2 4-Spänner	FA 2 Turniererfolge	WRA 2	WRA 2 Turniererfolge	LA 2	VA 2
Prüfung		RA 3 Dressur	RA 3	RA 3 Springen	RA 3 Gelände		FA 3 4-Spänner		WRA 3			VA 3
Prüfung		RA 4 Dressur	RA 4	RA 4 Springen	RA 4 Gelände	FA 4 1-/2-Spänner	FA 4 2-Spänner		WRA 4		LA 4	VA 4
Prüfung		RA 5 Dressur	RA 5	RA 5 Springen	RA 5 Gelände	FA 5 1-/2-Spänner	FA 5 1-/2-Spänner				LA 5	
		Basispass Pferdekunde oder RA 7 und 6										
	FN-Sport-Abzeichen	RA 6							WRA 6			
		RA 7				FA 7			WRA 7			VA 7
		RA 8							WRA 8			
		RA 9							WRA 9			VA 9
		RA 10				FA 10			WRA 10			VA 10

Die Abzeichen des IPZV sind in der IPO geregelt. Die Abzeichen der IGV sind im Anhang zur APO geregelt.
Der Nachweis der Reitabzeichen 7 und 6 ersetzt den Besitz des Basispass Pferdekunde.
Fahr-/Longier-/Voltigierabzeichen sind derzeit ausschließlich in den angegebenen Nummerierungen abzulegen.

Wer kann das Abzeichen erwerben?

Für die Teilnahme an der Prüfung zum Basispass gibt es keine Altersbeschränkung, aber die Forderung nach einer geistigen und körperlichen Mindestreife.

Die Bewerber müssen nicht Mitglied in einem Reiterverein sein. Um die nötigen Kenntnisse zu erwerben und den fachgerechten Umgang mit dem Pferd zu üben, ist die Teilnahme an einem **Vorbereitungs-lehrgang** vorgeschrieben.

Wo kann ein Basispass-Lehrgang mit Prüfung durchgeführt werden?

Jeder **Ausbildungsbetrieb** für Pferdesport oder jeder **Reiterverein**, der vom zuständigen Landesverband (LV) oder der Landeskommission (LK) eine entsprechende Genehmigung eingeholt hat, kann einen Basispass-Lehrgang mit Prüfung durchführen.

Jeder **Trainer C, B, A** mit **gültiger DOSB-Lizenz**, jeder **Pferdewirt** (Schwerpunkt Reiten) mit gültiger DOSB-Lizenz oder gültigem BBR-Fortbildungsnachweis und jeder **Pferdewirtschaftsmeister** (Teilbereich Reitausbildung) kann einen **Vorbereitungslehrgang** anbieten. Die FN empfiehlt einen Lehrgang mit 30 Unterrichtseinheiten zu je 45 Minuten.

Welche Broschüren können von der FN bezogen werden?

- *Für Prüfungskandidaten:*
  Die Reitabzeichen
  Die Ethischen Grundsätze des Pferdefreundes, Teil 1
  Ethik im Pferdesport, Teil 2
- *Für Ausbilder*
  Merkblatt für Prüfer und Lehrgangsleiter der Abzeichenprüfungen.

Besuchen Sie uns auf www.pferd-aktuell.de   FN-Shop oder fordern Sie unsere kostenlose Gesamtübersicht „Broschüren von A bis Z"an! Bezugsadresse: Deutsche Reiterliche Vereinigung e.V. (FN) Abteilung FN-Service, 48229 Warendorf, Tel. 02581/6362 222, Fax: 02581/6362 7222, E-Mail: fn@fn-dokr.de

Was muss ein Kandidat für die Prüfung theoretisch wissen?

Verlangt wird ein **Grundwissen über Pferde**. Gefragt wird nach folgenden Themen:

- Pferdeverhalten und sicherer Umgang mit dem Pferd
- Pferdekunde, Pferderassen, Körperbau und Sinnesorgane
- Artgerechte Pferdehaltung in unterschiedlichen Haltungsformen
- Fachgerechte Fütterung, Futtermittel und Fütterungstechnik
- Gesundheitsfürsorge, Krankheiten und erste Hilfe
- Tierschutzgerechte Verantwortung für ein Pferd

Was muss ein Kandidat für die Prüfung praktisch können?

Vorgezeigt werden müssen grundlegende **Handgriffe im Umgang mit dem Pferd**:

- Pferdeverhalten erkennen, sichere Annäherung an ein Pferd
- Führen am Halfter, Führen auf Trense, Aufgaben aus der Boden-arbeit, Anbinden
- Loslassen eines Pferdes in der Box, auf der Weide oder einem Paddock
- Fellpflege, Langhaarpflege, Hufpflege und Umgang mit Wasser
- Satteln und Auftrensen, Anlegen von Gamaschen und Bandagen
- Verladen / fachgerechte Hilfe beim Verladen

Wer prüft, wie wird bewertet?

Die Prüfung wird von mindestens einem FN-anerkannten **Richter** oder **Richter Breitensport Reiten** abgenommen. In einer **Prüfungs-kommission** können zusätzlich ein weiterer Richter oder ein Prüfer Breitensport oder ein Prüfer eines FN-Anschlussverbandes vertreten sein.

(Bei 10 oder weniger Prüfungsteilnehmern kann die Prüfung von einem Richter oder Richter Breitensport Reiten abgenommen wer-den.) Für die **Bewertung** geben die Kenntnisse und Fertigkeiten im Umgang mit dem Pferd sowie das Grundwissen über Pferde den Aus-schlag. Es werden keine Wertnoten vergeben, sondern das Prü-fungsergebnis lautet **bestanden** oder **nicht bestanden**.

Erfolgreiche Prüfungsteilnehmer erhalten ein **Abzei-chen** und einen **Leistungsnachweis**. Wer die Prüfung nicht bestanden hat, kann sie zum nächst-möglichen Termin wiederholen. Es gibt keine vorgeschriebe-ne Wartezeit bis zur Wiederholungs-prüfung oder bis zum Ablegen eines der Abzeichen im Pferde-sport.

Es ist ein stürmischer Herbsttag. Draußen raschelt das von den Bäumen herabgefallene Laub, durch den Wind bewegen sich Gegenstände und in der Reitanlage klappern Türen und Tore. Sowohl die Schulpferde in der Reithalle, als auch die auf dem Außenplatz longierten und gerittenen Privatpferde sind aufgrund dieser äußeren Einflüsse sehr aufmerksam und angespannt. Es herrscht allgemeine Unruhe unter den Pferden.

Instinktiv verhalten sich Pferde auch heute noch wie ihre Vorfahren, die in der weitläufigen Steppe lebten und vor Raubtieren auf der Hut sein mussten. Bei scharfem Wind, der stets einen hohen Geräuschpegel mit sich bringt, können Pferde sich nicht mehr auf ihr Gehör verlassen. Das leise Knistern und Knacken, das ihnen sonst die Annäherung eines natürlichen Feindes verraten würde, geht in der gesamten Geräuschkulisse unter. Um sich zu schützen, erhöhen Pferde ihre Aufmerksamkeit und Fluchtbereitschaft.

Wer verstehen will, warum Pferde sich so und nicht anders verhalten, muss sich mit der Geschichte der Pferde beschäftigen – sie reicht 60 Millionen Jahre zurück.

Fernwanderwild aus der Steppe

Pferde werden seit Jahrtausenden systematisch gezüchtet und als Haustiere gehalten. Wir kennen heute allein in Europa Hunderte von Pferde- und Ponyrassen mit sehr unterschiedlichem Aussehen und verschiedenen Eigenschaften. Dennoch haben alle Pferde ein gemeinsames biologisches Erbe, das ihr Verhalten bestimmt.

Die Urform der Pferde, bekannt als Eohippus, hatte mit den heutigen Pferden kaum etwas gemeinsam. Die nur etwa katzen- bis fuchsgroßen Tiere besaßen zierliche Gliedmaßen mit je vier Zehen an den Vorder- und drei Zehen an den Hinterfüßen. Als reine Laubfresser suchten sie im Sumpfwald trittsicher ihre Nahrung.

Der allmählichen Veränderung der äußeren Lebensbedingungen – trockener Boden, mehr Strauchbewuchs, mehr Gras – passten sich auch die Urpferde an. Sie wurden größer, konnten sich schneller und weiter fortbewegen. Ihr Gebiss veränderte sich, die Zehen an den Vorder- und Hintergliedmaßen wuchsen zusammen, bis die Pferde zu Zehenspitzengängern mit Hufen wurden. Als neuen Lebensraum eroberten sie die weitläufige, grasbewachsene Steppe.

Das alles ging jedoch nicht ohne Naturkatastrophen vor sich: Dramatische Klimaveränderungen zwangen die Urpferde zu ausgedehnten Wanderungen. Während der Eiszeit starben die Pferde teilweise aus – z.B. in Amerika. Dorthin brachte Columbus wieder die ersten spanischen Pferde mit.

Die letzten Wildpferde

Gegen Ende des 19. Jahrhunderts wurden die letzten lebenden Urwildpferde in der Mongolei beobachtet; die Przewalski-Pferde sind unter dem Namen ihres Entdeckers berühmt geworden. Sie gelten als Vorfahren der heutigen Hauspferde. Urwildpferde, an denen sich das natürliche Verhalten der Pferde in ihrem ursprünglichen Lebensraum wissenschaftlich erforschen lässt, gelten heute als ausgestorben. Einige wenige übrig gebliebene Exemplare der Przewalski-Pferde leben in immer während er Schonzeit in den Steppen und Wüsten Zentralasiens. Zoos wie der Münchner Tierpark Hellabrunn haben sich nicht nur um die Erhaltung dieser Wildpferderasse verdient gemacht, sondern auch einige Exemplare wieder in ihrem ursprünglichen Lebensraum angesiedelt.

Gegenüber dem Urpferd in Ponygröße war sein Vorläufer Eohippus sehr klein.

Die Przewalski-Pferde sind ungefähr 1,30 m hohe Tiere mit lehmfarbenem bis rotbraunem Fell und einem dunklen Aalstrich, der sich die gesamte Wirbelsäule entlangzieht. Einigen Pferderassen sieht man die Verwandtschaft zu ihren wild lebenden Vorfahren noch deutlich an: z.B. den Norwegern, von deren hellem Falbenfell sich der dunkle Aalstrich deutlich abhebt, und den letzten in Deutschland halbwild lebenden Pferden, den Dülmenern. In der Nähe von Münster liegt das eingezäunte Areal dieser geschützten, sich weitgehend selbst überlassenen Herde.

Generell sind die robusten Pferderassen wie Islandpferde und norwegische Fjordpferde in ihrem Aussehen und Verhalten den wild lebenden Vorfahren deutlich ähnlicher als hochgezüchtete Sportpferde.

Schnelle Beine, wenig Schlaf

Pferde werden in der Biologie mit zwei Begriffen gekennzeichnet: als Fernwanderwild und als Fluchttier. Das heißt, Pferde passen ihren Standort den jeweiligen Lebensbedingungen an, vor allem den Futter- und Wasserquellen. Wenn ihnen Gefahr droht, suchen sie ihr Heil in der Flucht. Daher sind Pferde besonders für das Zurücklegen großer Entfernungen, aber auch für einen schnellen kurzen Sprint begabt. Wild lebende Pferde legen täglich große Strecken zurück: beim Grasen im gemächlichen Schritt, auf der Suche nach entfernten Futter- und Wasserstellen in ausdauerndem Trab, auf der Flucht in rasendem Galopp.

Diese drei Gangarten sind allen heutigen Pferderassen angeboren. Darüber hinaus verfügen einige Rassen über Spezialgangarten, die für den Reiter besondere Vorteile bieten können. Bekanntestes Beispiel ist der bequeme Tölt vieler Islandpferde. Selten und gesucht sind Fünfgänger, die außerdem noch den schnellen Rennpass beherrschen.

Auch springen können Pferde von Natur aus – auf der Flucht überwinden sie Hindernisse, die sich ihnen möglicherweise in den Weg stellen. Pferde springen allerdings nur dann freiwillig, wenn sich ein Hindernis nicht umgehen lässt. Springen verbraucht viel Energie; der Instinkt rät ihnen, diese Energie nicht zu verschwenden.

In der Ausbildung von Pferden zum Springen muss auf dieses natürliche Verhalten Rücksicht genommen werden. Wenn Pferde jedoch auf spielerische Weise lernen, Hindernisse anzunehmen, statt sie zu umgehen, entwickeln sie dabei oft Freude und Ehrgeiz.

Schritt

Trab

Galopp

Lauftiere, Pflanzenfresser

Pferde können nicht nur weit und ausdauernd laufen, sie haben auch das Bedürfnis, sich ausreichend zu bewegen. Darin liegt eines der Probleme heutiger Pferdehaltung begründet. Vielen Pferden wird zu wenig Zeit und Raum für Bewegung geboten – dies gilt vor allem für die Haltung in geschlossenen Ställen (siehe Kapitel 2).

Viele häufig zu beobachtende Erkrankungen von heutigen Sportpferden haben ihren Grund nicht in zu viel, sondern in zu wenig Bewegung. Das gilt für immer häufiger auftretende Erkrankungen der Atemwege genauso wie für Abnutzungserscheinungen an den Gelenken der Beine.

Als reine Pflanzenfresser brauchen Pferde sehr viel Zeit, um die nötige Nahrungsmenge aufzunehmen. 15 Stunden Grasen täglich sind bei Pferden, die überwiegend auf der Weide gehalten werden, an der Tagesordnung. Daher kommen Pferde – mit Ausnahme von Fohlen – mit sehr wenig Schlaf aus. Wichtig für die regelmäßige Regeneration sind allerdings die so genannten Dösphasen. Bei Pferden, die im Stall gehalten werden, lassen sie sich nach der Futteraufnahme während der Verdauungsphase beobachten. Man kann sie am typischen Dösgesicht und einer entspannten Körperhaltung des Pferdes erkennen. Oft wird auch ein Bein durch Aufstellen der Hufspitze auf den Boden entlastet.

Damit im Stall gehaltene Pferde diese Fähigkeit zur Erholung bewahren, brauchen sie täglich pünktliche Fütterungs- und nachfolgende Ruhezeiten.

Wichtig zu wissen

- **Der ursprüngliche Lebensraum der Wildpferde ist die Steppe; sie sind reine Pflanzenfresser.**
- **Den größten Teil ihrer Zeit verbringen sie mit der Nahrungsaufnahme.**
- **Als Fernwanderwild legen wild lebende Pferde große Strecken zurück.**
- **Auf Gefahr reagieren sie mit Flucht.**

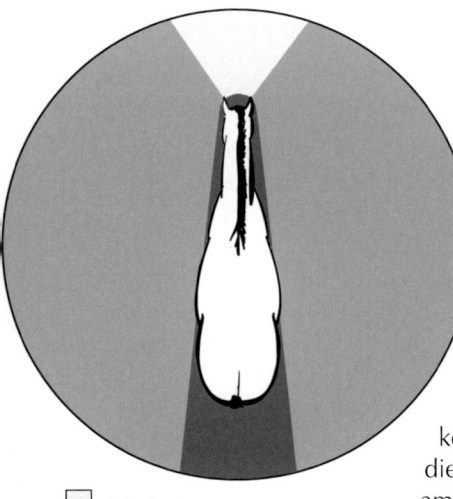

Scharf sehen

Bewegungssehen mit je einem Auge

Toter Winkel

Wacher Blick

Besonders leistungsfähige Sinnesorgane waren für die Urpferde in der Steppe überlebenswichtig. Auch heutige Pferderassen verfügen in allen Bereichen über eine äußerst scharfe und differenzierte Sinneswahrnehmung. Eine besondere Bedeutung kommt dabei dem Sehen zu. Durch die seitliche Anordnung der Augen am Kopf überblicken die Pferde einen sehr großen Bereich ihrer Umwelt – durch leichtes Drehen, Heben und Senken des Kopfes können sie sich eine fast komplette Rundumsicht verschafften. Allerdings sehen sie nur in dem Bereich scharf, den sie mit beiden Augen gleichzeitig wahrnehmen.

Pferde können Bewegungen in weiter Ferne, aber auch in der Nähe viel besser sehen als Menschen. Oft reagieren sie mit Angst- und Fluchtverhalten auf Dinge, die wir Menschen nicht wahrnehmen. Sie sehen auch bei starker Helligkeit wie im Dunkeln besser als wir; allerdings brauchen sie längere Zeit zur Umstellung von Hell auf Dunkel und umgekehrt.

Pferde können Farben unterscheiden; aus Versuchen weiß man, dass die Farben Gelb und Grün intensiver gesehen werden als Blau und Rot. Die Farbe Rot (etwa bei Sprüngen im Parcours) hat für Pferde nicht die gleiche Signalwirkung wie auf uns Menschen.

Scharfe Ohren

Pferde haben scharfe Ohren, die sie in einem großen Radius bewegen können, um noch genauer zu lauschen. Dabei hören sie Geräusche, die dem menschlichen Gehör verschlossen bleiben wie die Töne im Bereich des Ultraschalls. Genau wie beim Sehen gilt, dass unerklärliches Scheuen und Widerstand von Pferden oft seine Ursache in Geräuschquellen hat, die wir Menschen nicht wahrnehmen. Möglicherweise kann das Schnauben der Pferde auch zur Erzeugung von Echowellen dienen. So könnten jedenfalls spektakuläre Berichte über die Orientierungsfähigkeit blinder Pferde erklärt werden.

Riechen und Schmecken

Geruchs- und Geschmackssinn sind bei den Pferden sehr gut entwickelt. Aus Erfahrung weiß man, dass Pferde den Geruch von Blut, Aas und stark riechenden Medikamenten meiden. Ob ihr Geruchssinn allerdings analog zur menschlichen Wahrnehmung funktioniert, ist nicht wissenschaftlich belegt. Denkbar wäre auch, dass Pferde nicht nur besser, sondern auch andere Substanzen riechen als Menschen. Wie schon beim Sehen und Hören gilt, dass auch das Riechen Anlass für ein scheinbar unbegründetes Scheuen des Pferdes sein kann. Eine deutliche Reaktion der Pferde auf starke Gerüche ist das so genannte Flehmen (Anm.: Flehmen kann auch Ausdruck von Schmerzen sein; vgl. Kapitel 9), ein Hochstülpen der Oberlippe. Man kann es häufiger beobachten, wenn Pferde zur Begrüßung gegenseitig ihre Genitalien beschnuppern.

Mit dem Geruchssinn eng verbunden ist der Geschmackssinn. Übel riechendes, verdorbenes Futter, aber auch fremd riechende Medikamente werden von Pferden verweigert. Ebenso bevorzugen bzw. meiden Pferde auf der Weide bestimmte Stellen.

Vergiftungen sind bei Weidepferden seltener als bei im Stall gehaltenen Pferden, die mit übergroßem Appetit an allem Grünzeug knabbern, das sie erreichen können.

Tasten, schwitzen, Schmerz empfinden

Pferde haben einen gut ausgeprägten Tastsinn; sie können Wärme, Kälte und Schmerz empfinden. Das größte Sinnesorgan ist die Haut, die im Bereich der Unter- und Oberlippe, unterstützt durch die so genannten Tasthaare, besonders sensibel ist. So sortieren Pferde mit erstaunlicher Sicherheit auch kleine Fremdkörper aus ihrem Futter. Nach dem Tierschutzgesetz ist das Abrasieren von Tasthaaren an Maul und Nüstern sowie der Haare in den Ohren gesetzlich verboten.

Am Kopf des Pferdes finden sich zahlreiche Tast- und Schutzhaare.

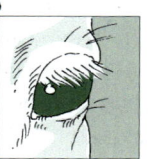 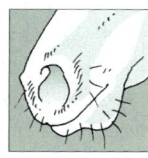 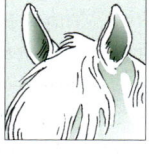 

Wimpern *Tasthaare* *Schopf* *Haarbüschel*

Pferde geben im Unterschied zu fast allen anderen Tierarten über die Haut Feuchtigkeit ab, sie schwitzen.

Setzen sich z.B. Insekten auf ihre Haut, können sie gezielt zucken. Dennoch ist ihre Haut nicht so sensibel wie die menschliche. Die Unterschiede in diesem Punkt sind allerdings nicht nur von Rasse zu Rasse, sondern auch von Pferd zu Pferd sehr groß. Manche Tiere sind ganz besonders berührungsempfindlich und kitzelig.

Generell sind Pferde jedoch weit weniger schmerzempfindlich als Menschen; allerdings erdulden sie Schmerzen in der Regel stumm. Selten und nur bei schweren Verletzungen oder schmerzhaften Erkrankungen lassen sie eine Art Stöhnen hören. Auf einen plötzlich heftigen Schmerz können sie mit einem Schreckenslaut reagieren.

Wichtig zu wissen

- **Pferde haben leistungsfähigere Sinnesorgane als Menschen.**
- **Sie verfügen über eine fast komplette Rundumsicht und nehmen Bewegungen auch in weiter Ferne wahr. Nur direkt vor und direkt hinter ihrem Körper liegt ein toter Winkel.**
- **Pferde hören Geräusche unter- und oberhalb menschlicher Schallwahrnehmung.**
- **Pferde haben einen ausgeprägten Geruchs- und Geschmackssinn.**
- **Pferde können mit der Haut schwitzen, Berührungen, Schmerzen, Kälte und Wärme fühlen.**

Leben in der Pferde-Großfamilie

Die sozialen Bedürfnisse der Pferde sind geprägt vom Leben in der Herde. Das Zusammenleben der Pferde ähnelt einer lebhaften Großfamilie, in der eine strenge Ordnung herrscht. Dafür verlassen sich jüngere Pferde auf die Erfahrung der ranghohen Tiere. Leithengst und Leitstute stehen an der Spitze der Rangordnung. Sie wachen über die Herde und geben das entscheidende Kommando zur Flucht. Dafür genießen sie Vorrang an begehrten Futter- und Wasserplätzen.

1

Nur geschützt in der Herde fühlen sich Pferde wohl und sicher. Das gilt auch für Reitpferde: Die Isolation – z.B. allein in einer Reithalle – stellt für ein junges Pferd eine psychische Ausnahmesituation dar. Pferde, die ohne Sichtkontakt mit Artgenossen sind – z.B. beim Ausreiten – reagieren ängstlicher und schreckhafter auf Außenreize als Pferde in einer Gruppe. Ein sicheres Führpferd, das in einer kritischen Situation (etwa im Straßenverkehr oder beim Verladen) vorangeht, ist das beste und natürlichste Mittel, ein unsicheres Pferd zu beruhigen.

> **! Safety first**
>
> **Vermeide generell, ein einzelnes Pferd in einer ungewohnten Situation allein ohne Blickkontakt zu anderen Pferden zurückzulassen, sei es im Stall, in der Reithalle, im Hänger oder gar in einer fremden Umgebung. In einer solchen Stress-Situation für das Pferd musst du mit Widerstand und Fluchtversuchen rechnen.**

Kann ich dich riechen?

Das Begrüßungsritual fremder Pferde beginnt mit einem Nasen-Schnupperkontakt, der oft durch ein lautes Quietschen beendet wird. Das ranghöhere Pferd zeigt dabei sein Drohgesicht mit angelegten Ohren. Da auf den Nasenkontakt Rangeleien um die Rangordnung folgen können, sollen Pferde unter dem Sattel oder an der Hand lernen, ihre Artgenossen ohne Begrüßungsritual zu akzeptieren.

Pferde, die sich frei bewegen können, lassen auf den ersten Begrüßungskontakt oft ein gegenseitiges vorsichtiges Beschnuppern der Genitalregion folgen. So wird im wahrsten Sinne des Wortes die Frage geklärt: Kann ich dich riechen?

> **! Safety first**
>
> **Erlaube dem Pferd, mit dem du umgehst oder das du reitest, keinen Nasenkontakt mit anderen Pferden.**

Pferde pflegen spontane und intensive Freund- und Feindschaften. Befreundete Pferde suchen Nähe und Körperkontakt. Sie kraulen sich z.B. gegenseitig Mähne und Widerrist oder vertreiben sich gegenseitig die Fliegen.

Gegenseitiges Kraulen und Beknabbern an der Mähne ist ein beliebter Sozialkontakt.

Kämpfe um die Rangordnung

Pferdefeindschaften sind meist durch ungelöste Konflikte in Sachen Rangordnung bedingt. Kämpfe um die Rangordnung gehören zum wichtigen Sozialverhalten des Pferdes. Es handelt sich allerdings nicht um Kämpfe auf Leben und Tod. In der Regel gehen diese Kämpfe unblutig vor sich und enden mit dem Zurückweichen des rangniederen Pferdes. Dennoch können sich Pferde gegenseitig empfindliche Verletzungen zufügen. Für das Auslösen des Herdenverhaltens genügt die Begegnung zweier Pferde. Jeder Pferdehalter, der fremde Pferde gemeinsam auf eine Koppel oder in einen Auslauf entlässt, muss mit Auseinandersetzungen rechnen. Sind die Pferde beschlagen, erhöht sich das Verletzungsrisiko.

Jedes neue Herdenmitglied wird zunächst als Eindringling behandelt. Ein sekundenschnelles Beschnuppern genügt in der Regel, um das grundlegende Verhältnis zum Neuankömmling abzuklären. Manchmal entstehen spontane Freundschaften, manchmal nimmt jeder respektvoll einen Sicherheitsabstand ein und manchmal werden Hufe und Zähne eingesetzt.

In den meisten Fällen leben die Pferde nach Abklärung der Rangordnung friedlich miteinander. Es gibt aber auch hartnäckige Kampfhandlungen zwischen Pferden. Vor allem Konkurrenzsituationen sollten daher vermieden werden, wenn zwei oder mehrere Pferde zusammen weiden: z.B. das Zusammentreffen zweier gleich starker jüngerer Stuten oder zweier Wallache, die sich um die Gunst einer Stute streiten.

Auch Pferdefreundschaften können problematische Folgen haben. Sie können so intensive Formen annehmen, dass es Schwierigkeiten bereitet, beide Pferde zu trennen. Ist das nötig – wenn etwa nur das eine Pferd geritten werden soll – dann darf das andere Pferd nicht allein auf der Koppel, sondern nur in einem sicheren Stall zurückbleiben.

Pferde, die sich gleichgültig sind oder sich nicht mögen, halten voneinander Abstand. Auch in der Pferdehaltung lassen sich Kampfhandlungen am leichtesten vermeiden, wenn man gegenseitige Sympathie und Antipathie der Pferde respektiert. Gegenseitiges Dulden kann von Menschen nicht erzwungen werden.

Ranghöherer Mensch

Das Bedürfnis nach einer abgeklärten Rangordnung gegenüber anderen Lebewesen gehört zum biologischen Erbe der Pferde. Auch im Verhältnis zwischen Mensch und Pferd muss die Rangordnung stets geklärt sein. Denkbar sind dabei drei Varianten: das Pferd ist ranghöher, Pferd und Mensch sind gleichberechtigt, der Mensch ist ranghöher.

Betrachtet ein Pferd den Menschen als rangniederes Wesen, dann kann das gefährliche und fatale Folgen haben. Es wird sich im Zweifelsfall widersetzen, wenn die Forderungen des Menschen ihm unangenehm sind oder seinen Instinkten entgegenstehen. Beim ungleichen Kräfteverhältnis zwischen Mensch und Pferd sind Unfälle vorprogrammiert.

Ein Pferd, das den Menschen als ranggleiches Wesen betrachtet, wird die Rangordnung immer wieder infrage stellen. Beständige kleinere und größere Auseinandersetzungen mit ungewissem Ausgang sind die Folge. In Konfliktsituationen kann sich der Mensch nicht auf das Vertrauen und den Gehorsam des Pferdes verlassen.

Nur wenn das Pferd den Menschen als ranghöheres Lebewesen akzeptiert, ist für größtmögliche Sicherheit beider Partner gesorgt. Allein unter dieser Voraussetzung ist eine systematische Erziehung und Ausbildung überhaupt möglich. Und nur in diesem Fall kann der tägliche Umgang mit dem Pferd eine weitgehend stress- und konfliktfreie, angenehme Beschäftigung sein.

Stuten und Hengste

Das Sexualverhalten der Pferde kommt in Reitställen nur sehr reduziert zum Ausdruck. Da für eine systematische Zucht nur besonders ausgesuchte Vatertiere infrage kommen und Hengste im Umgang oft schwierig sind, werden männliche Tiere überwiegend kastriert. Wallache sind weniger dominant als Hengste und ordnen sich dem Menschen leichter unter.

Stuten sind alle drei Wochen paarungsbereit – sie signalisieren dies durch einen Ausfluss aus der Scheide. Während der Rosse ändert sich das Verhalten der Stuten gegenüber anderen Pferden: Auf dem Höhepunkt der Rosse suchen sie den Körperkontakt, zu Beginn und gegen Ende schwankt das Verhalten zwischen Annäherung und Abwehr. Beim Reiten zeigen manche Stuten ein verändertes Verhalten gegenüber den Reiterhilfen, vor allem den Schenkelhilfen.

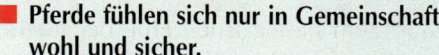

Wichtig zu wissen

- Pferde fühlen sich nur in Gemeinschaft wohl und sicher.
- Sie sollten daher nicht einzeln gehalten werden.
- Jede künstliche Isolierung von Artgenossen muss behutsam eingeübt werden.
- Pferdegesellschaft oder ein sicheres Führpferd ist das beste Mittel, ein ängstliches Pferd zu beruhigen.
- Pferde bestimmen untereinander eine feste Rangordnung. Bei jeder Begegnung fremder Pferde muss mit Streitigkeiten um die Rangordnung gerechnet werden.
- Die gegenseitigen Sympathien und Abneigungen der Pferde entstehen spontan und bleiben hartnäckig.
- Zur Vermeidung gefährlicher Konflikte soll ein Pferd den Menschen stets als ranghöheres Lebewesen anerkennen.
- Bei Stuten muss während der im dreiwöchigen Zyklus wiederkehrenden Rosse mit verändertem Verhalten gegenüber anderen Pferden, teilweise auch gegenüber dem Reiter gerechnet werden.

Flieh, wenn du kannst

Als friedliebende Pflanzenfresser versuchen Pferde Begegnungen mit unbekannten und unangenehmen Objekten zu vermeiden. Wo sie Gefahr wittern, reagieren sie mit rascher Flucht, die sich im Extremfall in eine unkontrollierbare Panik steigern kann. Bei panischer Flucht ist die Außenwahrnehmung der Pferde praktisch außer Kraft gesetzt – schlimmstenfalls rennen panische Pferde etwa auf die Straße, gegen eine Mauer oder in einen Waldbrand.

Damit nicht aus jeder unvorhergesehenen Begegnung für Pferde der Zwang zur Flucht entsteht, sind sie mit einer guten Portion Neugier ausgestattet. Oft hilft es, ein bedrohlich wirkendes Objekt behutsam beschauen und beriechen zu lassen, um das Vertrauen wiederherzustellen. Ob jeweils Furcht oder Neugier überwiegt, ist bei Pferden individuell sehr unterschiedlich und kaum vorherzusagen.

Fluchtbereit, aber neugierig – so reagieren Pferde auf Unbekanntes.

Fluchtdistanz, kritische Distanz

Oft genügt es für das Sicherheitsbedürfnis eines Pferdes bereits, dass es einen Sicherheitsabstand zwischen sich und der vermeintlichen Gefahr einhalten kann. Man spricht daher von der Fluchtdistanz des Pferdes. Wird sie unterschritten, reagiert das Pferd mit Flucht. Erst wenn das Pferd in die Enge getrieben (oder etwa angebunden ist) und nicht mehr fliehen kann, kommt der kritischen Distanz Bedeutung zu. Es ist die Schwelle für Gegenwehr. Fühlt sich das Pferd innerhalb seiner kritischen Distanz angegriffen, dann setzt es seine Waffen (Hufe und Zähne) zur Verteidigung ein. Oft – aber nicht zwingend – wird ein solcher Angriff durch Drohgebärden und entsprechende Mimik angekündigt.

Instinktive Abwehrreaktionen gegen andere Pferde können blitzschnell und ohne Vorwarnung auftreten, wenn ein Pferd sich durch ein anderes bedrängt fühlt. Typische Situationen sind das Vorbeiführen in der Stallgasse oder das Begegnen bzw. Überholen in der Reitbahn.

Scheuen

Pferde scheuen vor dem, was ihnen als drohende Gefahr erscheint.

Ihr Instinkt rät Pferden, Furcht erregende Gegenstände, Geräusche und Gerüche zu vermeiden. Dieses so genannte „Scheuen" ist eine häufige Ursache für Konflikte zwischen Mensch und Pferd. Warum es scheut und wie heftig es dabei reagiert, ist von einem Pferd zum anderen sehr unterschiedlich. Das Scheuen kann sehr verschiedene Formen annehmen, vom puren Ausweichen bis zur aggressiven Widersetzlichkeit gegen Forderungen des Menschen. Dennoch ist Scheuen stets der Ausdruck von instinktiver Angst. Ein Pferd für das Scheuen zu bestrafen, ist nicht nur sinnlos, sondern verschärft nur das aufgetretene Problem. Im Wiederholungsfall kommt ein neuer Angstauslöser hinzu, nämlich die Angst vor der Strafe.

Umgang mit Angst auslösenden Situationen

Bei der direkten Konfrontation mit einem Furcht erregenden Gegenstand versuchen Pferde, vor allem ihren Kopf von der Gefahr fernzuhalten. Wer ein Pferd an einer Gefahrenquelle vorbeiführen oder vorbeireiten will, muss sich danach richten. Pferde scheuen weniger, wenn sie regelmäßig mit herausfordernden Gegenständen und Geräuschen konfrontiert werden. Mit Behutsamkeit und Geduld können sie durchaus an schwierige Situationen – z.B. die Begegnung mit Lastwagen – gewöhnt werden. Polizeipferde etwa lernen auf diese Weise sehr große Menschengruppen, Schusswaffengebrauch oder Feuer zu akzeptieren.

Pferde dagegen, die streng von Außenreizen abgeschottet in einer immer gleichen Umgebung – z.B. in der Reithalle – bewegt werden, reagieren störanfällig auf kleinste Änderungen in den gewohnten

Abläufen. Ohne regelmäßiges Training für die Sinneswahrnehmung und Verarbeitung von Außenreizen werden sie ängstlich und schreckhaft.

Wichtig zu wissen

- **Das Scheuen ist ein natürliches Instinktverhalten des Pferdes. Pferde scheuen vor unbekannten, möglicherweise unangenehmen Gegenständen, Geräuschen und Gerüchen.**
- **Die Anlässe für das Scheuen liegen oft außerhalb der Grenzen menschlicher Wahrnehmung. Korrigiert wird der Fluchtinstinkt durch eine ausgeprägte Neugier. Ein Pferd für das Scheuen zu bestrafen, ist sinnlos und vergrößert die jeweilige Angst.**
- **Mittel gegen das Scheuen sind: Herstellen einer Vertrauensbasis zwischen Mensch und Pferd, Ausnutzen eines sicheren Führpferdes, Einhalten eines Sicherheitsabstandes, behutsame Gewöhnung an vielfältige Außenreize, konsequente Erziehung zu Gehorsam an der Hand und auf die Reiterhilfen.**

Wortlose Verständigung

Obwohl Pferde sich überwiegend lautlos verständigen, beherrschen sie eine ganze Reihe von hörbaren Lauten. Schmerzen erdulden sie bis auf extreme Ausnahmen stumm.

Sprechende Gesichter

Pferde verfügen über eine außerordentlich deutliches Mienenspiel. Ein lebhaftes Ohrenspiel, ausdrucksvolle Augen und große, weit zu öffnende Nüstern (Nasenlöcher) bestimmen den Gesichtsausdruck. Er ist in den meisten Fällen leicht zu interpretieren. Flach am Kopf angelegte Ohren beispielsweise sind ein eindeutiges Drohsignal, weit aufgerissene Augen und Nüstern verraten Angst, nach vorn gespitzte Ohren signalisieren Aufmerksamkeit.

Lautäußerungen im Überblick

Leises Schnobern	Begrüßungslaut, Erwartung von Futtergabe
Langes Schnauben, Abschnauben	Innere Gelöstheit
Kurzes Schnauben	Erregung
Prusten	Zufriedenheit
Quietschen	Drohen, Abwehr gegenüber Artgenossen
Wiehern	Aufgeregtes Rufen, Begrüßung
Gebrüll	Kampfgeschrei von Hengsten
Stöhnen	Behaglichkeit (etwa beim Wälzen) bis Schmerzäußerung

Spezialisten für Körpersprache

Pferde erkennen sich schon von weitem gegenseitig an ihrer typischen Silhouette. Als Spezialisten für Körpersprache sehen sie zudem auch einem fremden Pferd an, in welcher Stimmung und Absicht es sich nähert. Dem sexuellen Imponiergehabe sehr ähnlich ist die dominante Körperhaltung mit weit untergeschobenen Hinterbeinen und aufgewölbtem Hals. Ein unterwürfiges Pferd dagegen senkt den Kopf und weicht aus. Ein drohend angewinkeltes und leicht vom Boden abgehobenes Hinterbein signalisiert deutlich: Ich bin bereit auszuschlagen. Geschickte Ausbilder haben zu allen Zeiten das instinktive Bewegungsverhalten der Pferde für ihre Ausbildung ausgenutzt. In den Lektionen der höheren Dressur lässt sich das Imponiergehabe der Pferde in perfektionierter Form wiederfinden. Bei der spektakulären Westerndisziplin Cutting wird die natürliche Fähigkeit der Pferde ausgenutzt, anderen Tieren (Rindern) den Weg abzuschneiden.

Als Spezialisten für Körpersprache reagieren Pferde unmittelbar auch auf die menschliche Körperhaltung. Angst-, Abwehr und Schutzhaltungen sind vielen Pferden unangenehm. Menschliche Unsicherheit kann sich einerseits auf Pferde übertragen, andererseits auch deutliche Abwehr und Widersetzlichkeit auslösen (siehe Kapitel 5, Seite 73). Pferde respektieren uns nur dann als ranghöhere Lebewesen, wenn wir ihnen gegenüber in jeder Situation selbstsicher, gelassen und bestimmt auftreten.

Flehmen

Gähnen

Neugier

Drohen

Dösen

Angst

Erschöpfung

Erregung

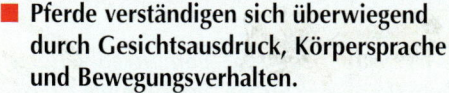

Wichtig zu wissen

- Pferde verständigen sich überwiegend durch Gesichtsausdruck, Körpersprache und Bewegungsverhalten.
- Sie verfügen über eine Reihe von Lauten, die sie gezielt einsetzen.
- Instinktsicher erkennen sie auch menschliches Bewegungsverhalten – insbesondere alle Anzeichen von Unsicherheit und Angst.
- Für den vertrauensvollen, möglichst konfliktfreien Umgang mit Pferden ist ein freundliches, gelassenes, selbstsicheres Auftreten Voraussetzung.

Tipps für die Prüfung

 <u>Achte</u> beim Umgang mit Pferden vermehrt auf den Gesichtsausdruck, das Ohrenspiel und die Körperhaltung.

 <u>Suche</u> die Gelegenheit, Pferde in freier Bewegung (auf der Weide, im Auslauf) zu beobachten. Versuche, die Kontaktaufnahme der Pferde untereinander zu deuten.

 <u>Beobachte</u>, wie ein Pferd beim Umgang und beim Reiten auf deine Körperhaltung und Stimme reagiert.

 <u>Registriere</u>, wovor Pferde scheuen, suche nach den Gründen für diese Reaktionen und versuche sie zu erklären.

Pferde als Haustiere

Eine jugendliche Reiterin bekommt von ihren Eltern, die keine Erfahrung mit dem Reitsport haben, ein eigenes Pferd geschenkt. Das Pferd wird in einer Box in einem städtischen Reitstall in der Nähe eingestellt. Reiterin und Pferd machen in der Dressurausbildung gute Fortschritte. Allerdings wird das Pferd zunehmend schreckhafter und unaufmerksamer, während es beim Ausprobieren noch ausgeglichen gewirkt hatte. Daher reagieren die Eltern skeptisch auf den Plan der Tochter, die Sommerferien auf einem Reiterhof zu verbringen. Dennoch erlebt die junge Reiterin einen traumhaften Urlaub. Sie bietet ihrem Pferd erstmals Weidegang und Ausritte ins Gelände, und es wird dabei sehr viel ruhiger und gelassener.

Weidegang ist die Haltungsform, die dem ursprünglich natürlichen Lebensraum der Pferde am nächsten kommt. Ungezwungene Bewegung an frischer Luft mit genügend Außenreizen kann eine geradezu therapeutische Wirkung auf das Verhalten eines Pferdes entfalten.

Artgerechte Haltung

Pferde werden seit Tausenden von Jahren als Haustiere gehalten. Im Laufe vieler Jahrhunderte haben sich die unterschiedlichsten Haltungsformen entwickelt. Die Pferde haben stets eine erstaunliche Fähigkeit bewiesen, sich den verschiedenartigen Lebensbedingungen anzupassen. Auch in der Haltung unserer heutigen Pferde für Freizeit, Zucht und Sport gibt es große Unterschiede.

Im Tierschutzgesetz ist verankert, dass jede Tierhaltung artgerecht sein muss, das heißt, sie soll den natürlichen Bedürfnissen der Tiere entsprechen. In Bundes- und Landesgesetzen finden sich weitere detaillierte Bestimmungen zur Pferdehaltung.

Wenn Pferde wählen könnten, würden sie sicherlich am liebsten so leben wie ihre Vorfahren in der weitläufigen, grasbewachsenen Steppe. In unseren heutigen Kulturlandschaften steht selbst auf weitläufigen Weiden nur ein Bruchteil der Größe des ursprünglichen Lebensraumes für Pferde zur Verfügung. Umso wichtiger ist es, dass allen Pferden ausreichende Bewegungsflächen und genügend Anreize zur freien Bewegung geboten werden.

Wichtig zu wissen

■ Alle möglichen Haltungsformen müssen die natürlichen Grundbedürfnisse der Pferde befriedigen: Futter und Wasser, Licht und Luft, Raum und Bewegung, Schutz vor extremen Witterungseinflüssen, Kontakt zu Artgenossen.

Gesichtspunkte für die Pferdehaltung

Zu seiner Sicherheit und zu seinem Wohlbefinden braucht jedes Pferd nicht nur ein ausreichendes Futter- und Wasserangebot, nicht nur Frischluft, sondern Schutz vor Zugluft, extremen Niederschlägen, starker Sonneneinstrahlung und Insekten; nicht nur Sozialkontakte, sondern auch Rückzugsmöglichkeiten; nicht nur täglich ausreichende Bewegung, sondern auch ungestörte Ruhe; nicht nur Arbeit, sondern auch zwanglose Beschäftigung.

Je nachdem, zu welchem Zweck – z.B. Freizeitreiten, Turniersport, Fahren, Zucht – ein Pferd eingesetzt werden soll, spielen bei der Haltung weitere Gesichtspunkte eine wichtige Rolle: Ein Pferd muss entsprechend der verlangten Leistung individuell gefüttert werden. Es braucht Kontakt zu anderen Pferden, soll sich aber in Streitigkeiten um die Rangordnung möglichst nicht verletzen. Bewegung und Training müssen sich unabhängig von Wetter und Tageslicht organisieren lassen.

Zudem müssen Pferde gepflegt, sicher überwacht, vor Diebstahl und anderen kriminellen Aktionen geschützt, bei Krankheiten mit Medikamenten versorgt, in eine sichere Box gebracht oder von anderen Pferden isoliert werden können. Schmied und Tierarzt brauchen fachgerechte Arbeitsbedingungen.

Wichtig zu wissen

Gesichtspunkte für die Auswahl der passenden Haltungsform:
■ Verwendungszweck
■ tägliches Bewegungsangebot
■ geforderte Leistung

> **Die wichtigsten Entscheidungen für die Haltung sind:**
> - **einzeln oder in einer Pferdegruppe**
> - **offener oder geschlossener Stall**
> - **Boxen- oder Auslaufhaltung**

Naturnahe Haltung auf der Weide

Dem ursprünglichen Lebensraum der Pferde kommt die Haltung auf einer weitläufigen Weide am nächsten. Auf einer genügend großen Weidefläche mit Witterungsschutz (Unterstand) können Pferde naturnah (robust) gehalten werden. Bevorzugt auf trockenen, strapazierfähigen Böden ist diese Weidehaltung das ganze Jahr über möglich. Je nach Beschaffenheit des Bodens, Größe der Lauffläche und Anreiz zur Bewegung besteht im Winter die Gefahr, dass sich die Bodenverhältnisse drastisch verschlechtern. Auf jeden Fall aber muss im Winter zugefüttert werden.

Zahlreiche organisatorische Probleme lassen sich bei der Unterbringung der Pferde in einem Stall leichter lösen. Aber die Stallhaltung kann eine Reihe von Nachteilen bieten: Zur Einschränkung der Bewegungsfläche kommen möglicherweise Mangel an Luftaustausch, Licht, und Kontakten zu Artgenossen hinzu.

Moderner Stallbau und zeitgemäßes Management der Pferdehaltung orientieren sich an den natürlichen Bedürfnissen. Ideal ist für jedes Pferd – zumindest stundenweise – täglicher Weideaufenthalt in Gesellschaft. Für Fohlen ist das Aufwachsen in der Herde auf einer großen Lauffläche unverzichtbar, damit sie die nötige physische und psychische Stabilität entwickeln können.

Aber nicht jede Wiese erfüllt die Anforderungen an eine Pferdeweide. Wichtig ist zunächst die Größe, die vor allem bei mehreren Pferden dem Bewegungsbedürfnis Rechnung tragen soll. Große Weiden werden nicht intensiv abgeweidet; oft zertreten die Tiere das Futter, das sie dann nicht mehr aufnehmen. Pferdeweiden brauchen (1,20 bis 1,50 m) hohe und stabile Zäune.

Bewährt haben sich Holzzäune in Kombination mit Elektrobändern. Der obere Abschluss besteht aus Holz, darunter wird das Elektroband in Abständen von 40 bis 50 cm von innen angebracht. Reine Drahtzäune oder gar Stacheldraht bieten eine zu hohe Verletzungsgefahr.

Sollen Pferde ausschließlich auf der Weide gehalten werden, brauchen sie regelmäßig frisches Wasser, Schutz vor extremer Sonneneinstrahlung und Niederschlägen sowie die Möglichkeit individueller Kraftfuttergabe.

Pferdeweiden müssen regelmäßig gepflegt werden. Bei intensiver Nutzung muss auch hier regelmäßig der Mist entfernt werden. Oft ist auch ein Nachmähen nötig, damit sich nicht gerade die Pflanzen ungehindert vermehren, die von Pferden verschmäht werden.

Die Haltung auf der Weide entspricht den natürlichen Bedürfnissen der Pferde am besten. Denke dabei an:

		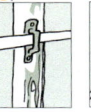					
Müll sammeln	*Schatten*	*Sicherer E-Zaun*	*Holzzaun kontrollieren*	*Keine Giftpflanzen*	*Wasserangebot*	*Schutzhütte*	*Weidehygiene*

Wichtig zu wissen

- **Artgereche Haltung: Weide kommt dem natürlichen Lebensraum des Pferdes am nächsten.**
- **Zusätzliche Angebote: Schutz vor extremer Witterung; dauernder Zugang zu Wasser.**
- **Sichere Weide: genügend hohe (1,20 bis 1,50 m) und sichere Zäune (Holz in Verbindung mit Elektrobändern), keine Giftpflanzen, Pflege nach Bedarf (Mist sammeln, nachmähen).**

2 Giftpflanzen

Adlerfarn
Verbreitete Waldpflanze.
„Taumelkrankheit" wie
Sumpf-Schachtelhalm.
Gesamte Pflanze enthält das Gift.
→ tödlich!

Schwarzes Bilsenkraut
Auffälliges Aussehen der Pflanze, Unkraut.
Erhöhte Atmung,
Tobsucht, Durst,
Verstopfung,
Lähmung.
180–360 g
frische
Pflanze
giftig.
→ tödlich!

Bingelkraut
Schattenpflanze, Unkraut.
Durchfall, Blutharnen,
Schiefhals, Leberschädi-
gung, Hufrehe.
Frische und
getrocknete Pflanzen
stark giftig.
→ tödlich!

Herbstzeitlose
Blume, Knollenpflan-
ze, Wiesenpflanze.
Speicheln, Benom-
menheit, Kolik,
blutiger Durchfall,
Lähmung, Kreislaufversagen.
Ca. 1200–3000 g/Tier frisches
Blatt- und Kapselmaterial oder
ca. 0,1 mg/kg Körpergewicht des
reinen Giftes Colchicin → tödlich
oder 3 Tage je 5 kg Heu/Tier/Tag
mit einem Anteil ca. 1,5% Herbstzeitlose
→ Kolik, evtl. tödlich.

Gemeiner Buchsbaum
Zierstrauch.
Durchfall, Krämpfe, Lähmung
des zentralen Nervensystems,
Schwindel.
→ 750 g Blätter tödlich!

Flächen, die als Pferdeweide oder -aus-lauf dienen sollen, müssen unbedingt auf Giftpflanzen untersucht werden. Zahlreiche Zierpflanzen, Hecken und Sträucher, die in Gärten oder Parkanla-gen häufig vorkommen, sind für Pferde giftig – wie z.B. Roter Fingerhut, Buchs-baum und Liguster, Goldregen und Bee-ren-Eibe. Aber auch Wiesenblumen und -pflanzen wie die Sumpf-Dotterblume, die Herbstzeitlose und der Sumpf-Schachtelhalm oder der vor allem im Wald weit verbreitete Adlerfarn enthal-ten gefährliche Giftstoffe. Giftig sind manche Pflanzen auch dann noch, wenn sie getrocknet im Heu vorkom-men. Das trifft beispielsweise für den Adlerfarn zu.

Weiße Robinie
Zier- und Alleebaum,
z.T. verwildert.
Durchfall, Kolik, Hufrehe,
Lähmungserscheinungen.
Rinde, Blätter und Laub
stark giftig.
→ tödlich!

Roter Fingerhut
Zierpflanze.
Durchfall, Lähmung,
Herzstillstand.
→ Blätter tödlich!

Beeren-Eibe
Zierstrauch oder Baum
mit immergrünen
Nadeln.
Magen-, Darm-Entzündung,
Nierenschädigung,
Herz- und Atmungsgift.
Tod schon 5 Minuten nach dem
Fressen von Nadeln und Zweigen!

Schwarze Tollkirsche
Staude.
Erhöhte Atmung, Durst,
Verstopfung, Kolik, Schwäche,
Pupillenerweiterung.
Samen, Blüten und Blätter
wirken giftig.
→ 180 g Wurzeln tödlich!

Gemeiner Liguster
Strauch, Hecke.
Magen- und Darm-
entzündung.
Beeren und Blätter
giftig!

Sumpf-Schachtelhalm
Standort: nasse Wiesen, Gräben, Ufer.
Erregbarkeit, taumelnder Gang, Hinstürzen,
Tod infolge Erschöpfung!
Pflanze insgesamt, auch im Heu giftig.
→ tödlich nach 1 Monat!

! Safety first

Lass dein Pferd – auch, wenn es angebunden ist und aus Langeweile knabbert – nicht an dir unbekannten Pflanzen fressen! Giftpflanzen siedeln sich auch von selbst dort an, wo man nicht mit ihnen rechnet.

Vergiftungen können sehr verschiedene Krankheits-anzeichen hervorrufen, z.B. Magen-Darm-Entzün-dungen, Nierenerkrankungen, Kolik, Durchfall, Atem-not, Zittern, Krämpfe, Benommenheit, Schwanken, Raserei, Lähmungen, auffallende Schreckhaftigkeit, erhöhte Puls- und Atemwerte, beschleunigte oder ver-langsamte Herztätigkeit. Bei Verdacht auf Vergiftung muss sofort der Tierarzt gerufen werden!

2

Gemeiner Goldregen
gelb blühender Zierstrauch.
Erregung, Bewegungsstörung, Krämpfe
Tod durch Atemlähmung!
Wurzeln, Samen und Blüten giftig.
→ **250–300 g Samen tödlich!**

Sumpfdotterblume
Sumpf- und Wiesenblume.
Kolik, Nierenentzündung, Krämpfe.
Geringe Giftwirkung, getrocknet nicht giftig!

Hierbei handelt es sich nur um eine Auswahl der wichtigsten Giftpflanzen.

Einzeln oder in der Gruppe?

Einer der gravierenden Unterschiede für die Haltung ist die Entscheidung für Einzel- oder Gruppenhaltung. Bei der Einzelhaltung hat jedes Pferd seine eigene Box, eventuell auch seinen eigenen Auslauf. Jedes Pferd kann unabhängig von anderen Pferden gefüttert, trainiert und bewegt werden. Es besteht kaum Verlet-zungsgefahr durch Pferde untereinander.

Safety first
Wer die natürlichen Grund-bedürfnisse eines Pferdes vernachlässigt, riskiert Krankheiten, mangelnde Leistungsbereitschaft und auffälliges Verhalten.

Aber: Pferde, die in der so genannten Einzelhaltung gehalten werden, können manchmal ihre vierbeinigen Nachbarn nur sehen oder durch die Gitterstäbe hindurch beschnuppern. Auf jeden Fall sollte für einen Ausgleich durch ausreichende Bewegung und/oder gemeinsamen stundenweisen Auslauf im Paddock oder auf der Weide gesorgt wer-den.

Der Einzelhaltung stehen der Laufstall und die Gruppenauslaufhal-tung gegenüber.
Die gemeinsame Haltung einer meist größeren, gleichartigen Pferde-gruppe im Laufstall (z.B. Aufzucht von Jungpferden) kann in Laufstäl-len stattfinden. Mehrere Pferde werden in einem angemessen großen Stall gehalten, dem ein Auslauf oder Weiden angeschlossen sind.
Die Gruppenauslaufhaltung unterscheidet sich von der Haltung im Laufstall durch die räumliche Trennung des Laufstalls in einen Fress-und eingestreuten Liegebereich. Bewegung und Fressen sind jederzeit möglich.
In der Gruppe gehaltene Pferde können ihr Bedürfnis nach dem Leben in einer Herde erfüllen. Bereits zwei Pferden werden durch die

sozialen Kontaktmöglichkeiten viele Anreize zur Beschäftigung, Spiel und Bewegung geboten. Werden Pferde in kleineren oder größeren Gruppen gehalten, muss die Zusammensetzung der Gruppe jeweils sorgfältig beobachtet werden. Jedes neue Gruppenmitglied kann der Auslöser für Auseinandersetzungen um die Rangordnung sein. Daher sollten Pferdegruppen möglichst konstant gehalten werden.

Aber: Das Leben in einer Gruppe ist nicht für alle Pferde gleich attraktiv. Rangniedere Pferde werden leicht vom Futter verjagt oder bei Streitigkeiten verletzt. Das erschwert die individuelle Fütterung einzelner Pferde. Jede Änderung im Pferdebestand – das gilt bereits dann, wenn einzelne Pferde zu Trainingszwecken aus einer Herde genommen werden – ist ein Störfaktor und damit möglicher Anlass für Auseinandersetzungen. Es können nicht nur Pferde-Freundschaften, sondern auch hartnäckige Feindschaften entstehen. Der Mensch hat hierauf keinen Einfluss, er kann Pferde-Freundschaften nicht erzwingen.

> *Safety first*
>
> **Werden Pferde in einer Gruppe gehalten, dann darf beim Trennen der Pferde (z.B. für Trainingszwecke) nie ein Pferd allein auf einer Weide, sondern nur in einem sicheren Stall zurückbleiben.**

Offener Stall oder geschlossener Stall?

Der wichtigste Unterschied zwischen einem offenen und einem geschlossenen Stall besteht im Stallklima. Von einem offenen Stall (auch Offenstall) spricht man, wenn eine Gebäudeseite ständig ganz oder teilweise offen ist. Das Klima im Offenstall folgt weitgehend dem Außenklima, nur die Extreme (Hitze, Kälte, Regen, Wind) sind abgemildert. Die Pferde werden bei dieser Haltungsform gut gegen Witterungseinflüsse abgehärtet. Pferde sind gegenüber kalten Temperaturen unempfindlich. In der Regel passt sich ihr Haarkleid auch extrem kaltem Wetter gut an.

Aber: Pferde mit langem und dichtem Winterfell schwitzen bei der Arbeit. Es kann Stunden dauern, bis sie wieder abgetrocknet sind. Nasse Pferde dürfen nicht ungeschützt vor Kälte und Zugluft bleiben. Ein systematisches Leistungstraining ist unter diesen Bedingungen kaum möglich.

Ein geschlossenes Gebäude als Pferdestall soll lediglich ein gegenüber den Außentemperaturen abgemildertes Stallklima bieten. Der erforderliche Luftaustausch muss sichergestellt sein. Daher wird das Winterfell der Pferde im geschlossenen Stall nicht extrem lang und dicht wie bei robust gehaltenen Pferden. Zudem erlaubt das gemilderte

Stallklima es auch, das lange Winterhaar der Pferde zu scheren (siehe Kapitel 7) und sie stattdessen einzudecken. Geschorene Pferde können auch im Winter ohne extremes Schwitzen für hohe Leistungen trainiert werden.

In einem geschlossenen Gebäude lässt sich Pferdehaltung konzentriert organisieren: z.B. Putz- und Waschplatz, die Lagerung von Futter, die Unterbringung von Ausrüstung und Zubehör und sichere, beleuchtete Räume für die Arbeit von Tierarzt und Schmied.

Aber: Viele Ställe mit vier Wänden und einem Dach sind im Winter oft zu warm und haben zu wenig Luftaustausch, wenn beispielsweise Stalltüren und Fenster geschlossen bleiben, damit die Selbsttränken nicht einfrieren. Dadurch wird die ungesunde Schadstoffbelastung in der Luft erhöht. Überdies sind geschlossene Ställe im Winter meist zu dunkel.

Die Gruppen-Auslaufhaltung bietet Anreize für Sozialkontakte und Bewegung.

| Entmisten | Notbox | Wasser-angebot | Lager-raum | Heu- und Strohlager | Befestigter Eingang | Anbinde-platz | Liege-bereich | Fress-stände |

Geschlossene Boxen oder Auslaufhaltung?

Pferde können entweder in geschlossen Boxen, am besten als Außenbox mit Sichtkontakt oder mit der Möglichkeit für Bewegung (Auslauf, Paddock, Weide) untergebracht werden. In geschlossenen Boxen sind Pferde sicher untergebracht und können jederzeit mit einem Minimum an Vorbereitungszeit gepflegt und geputzt werden.

Aber: In der freien Natur bewegen sich Pferde bei der Nahrungssuche viele Stunden am Tag. Wenn Pferde in geschlossenen Boxen stehen, brauchen sie unbedingt genügend Bewegung zum Ausgleich.

Bei einer Gruppen-Auslaufhaltung mit Offenstall wird Pferden dagegen nicht nur die Gelegenheit, sondern auch der Anreiz für Bewegung geboten. Ein solcher Offenstall bietet einen getrennten Fress- und Liegebereich kombiniert mit einem wetterfesten Auslauf und einer Weide. Die Pferde können ihren Aufenthaltsort drinnen oder draußen frei wählen. Tränke und Heufütterung werden möglichst so angebracht, dass die Pferde sich bewegen müssen, um Hunger oder Durst zu stillen (siehe Abb. Seite 37). In sogenannten Aktivställen wird die Futteraufnahme – und damit ein wichtiger Bewegungsanreiz – elektronisch gesteuert.

Aber: Wie in allen Gruppenhaltungen treten auch hier oft Rangordnungskonflikte auf. Selbst bei getrennten Fressständen und Heu-Rundfütterungen ist Futterneid zu beobachten. Ranghohe Pferde versuchen möglicherweise, rangniederen den Zugang zum Futter, Wasser und Liegebereich zu verwehren. Deshalb müssen die ranghöchsten Pferde bei der Fütterung in ihren Fressständen zuerst angebunden und gefüttert und zuletzt losgebunden werden.

Wichtig zu wissen

Gruppenauslaufhaltung
- **Raumbedarf: eingestreuter Liegebereich, räumlich getrennter Futterplatz, jederzeit zugänglicher Auslauf mit Tränke.**
- **Fütterung: individuelle Fütterung für jedes Pferd muss gewährleistet sein.**
- **Ausmisten: Liegebereich und Auslauf regelmäßig von Pferdemist befreien.**
- **Aufwand: andere, nicht unbedingt weniger Arbeit als die Haltung in Einzelboxen.**

Anforderungen an eine Pferdebox

Als unterstes Mindestmaß für die Grundfläche einer Pferdebox gilt die Formel: doppelte Widerristhöhe im Quadrat. Ein 1,70 m großes Pferd sollte demnach in einer Box stehen, die eine Mindest-Grundfläche von 12 m² aufweist.

Alle Außenwände und Trennwände zu den Nachbarboxen sollen glatt sein und keine Verletzungsgefahren bieten. Pferdeboxen sollten den Pferden untereinander Seh-, Hör- und Riechkontakt bieten. Daher hat es sich eingebürgert, die Trennwände zwischen Boxen nur bis in Brusthöhe zu schließen. Längsgitter zwischen den Boxen sollten so geringen Abstand haben, dass sich kein Pferdehuf dazwischen verklemmen kann (höchstens 5 cm). Gitterabstände von Längs- oder Quergittern dürfen nicht so groß sein, dass ein Pferd seinen Kopf durchstecken kann. Bei Ponys oder Fohlen müssen die Maße entsprechen verkleinert werden!

Die Türen sollten möglichst breit sein (1,20 m) und für Großpferde 2,50 m, für Ponys 2 m hoch. Der Boxenboden muss eben, widerstandsfähig, wasserundurchlässig und rutschfest sein. Die Stallgasse sollte eine Breite von 2,50 m haben, bei Boxenreihen auf beiden Seiten besser 3 m. Wichtig sind ein rutschfester Untergrund und genügend Anbindemöglichkeiten.

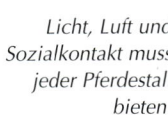

Licht, Luft und Sozialkontakt muss jeder Pferdestall bieten.

| Futtersilo | Heu- und Strohlager | Geräte-kammer | Putzplatz | Futter-kammer | Paddock | Waschbox | Gitterbox | Sattel-kammer |

Für Futter und Wasser

Zur Standard-Einrichtung einer Pferdebox gehören eine große splittersichere Futterkrippe mit flachem Boden sowie ein ständiges Angebot von frischem Wasser, bevorzugt aus einer fest installierten Selbsttränke, die täglich kontrolliert und gereinigt werden sollte. Im Stall aufgehängte Wassereimer können eine zusätzliche Gefahrenquelle darstellen, wenn ein Pferd sich wälzt oder festlegt.

Heu wird aus Sicherheitsgründen vom Boden aus gefüttert. Nicht empfohlen wird die Verwendung von hoch angebrachten Futterraufen oder die regelmäßige Fütterung aus Heunetzen. In leeren Netzen können Pferde mit ihren Hufen hängen bleiben.

Futtertrog, Selbsttränke und der Platz für Heufütterung sollten sich in verschiedenen Ecken der Box befinden. Es gehört zu den typischen unangenehmen (und kaum abzustellenden) Angewohnheiten mancher Pferde, ihr Futter in der Tränke einzuweichen. Denke bei der Einrichtung einer Pferdebox an:

| Tränke | Fenster | Futterkrippe | Heufütterung | Salzleckstein |

Die Wahl der Einstreu

Die beiden häufigsten Einstreu-Materialien sind Stroh oder (entstaubte) Hobelspäne. Stroh – zugleich ein zusätzliches Raufutter-Angebot – sorgt dafür, dass Pferde sich wie in der freien Natur ausführlich mit der Nahrungssuche beschäftigen können. Sie langweilen sich weniger und haben weniger Veranlassung, sich Unarten im Stall anzugewöhnen. Allerdings ist Stroh nicht nur von Staub, sondern häufig auch von Schimmelpilzen belastet. Pferde mit allergischen Atemwegsproblemen können daher oft nicht auf Stroh gehalten werden.

Als Alternative bieten sich staubfreie Hobelspäne an. Obwohl bei der Haltung auf Spänen weniger Mist anfällt, ist die Entsorgung problematischer – Späne verrotten langsamer als Stroh.

Da sich durch die Ausscheidung der Pferde und Fäulnisvorgänge im Stall schnell das Reizgas Ammoniak bildet, soll die Einstreu im Pferdestall stets trocken und sauber gehalten werden. Pferdeställe müssen regelmäßig, möglichst täglich ausgemistet werden. Ammoniak reizt die Schleimhäute und erhöht die Anfälligkeit für Atemwegs- und Huferkrankungen. Ein leicht stechender Geruch im Stall ist der Hinweis für eine zu hohe Konzentration von Ammoniak.

Täglicher Stalldienst, Box- und Paddockpflege

Safety first

Eine Gefahrenquelle bietet die beim Misten unvermeidlich geöffnete Boxentür. Der vor der Türöffnung stehende Schubkarren wird nicht von allen Pferden zuverlässig als Barriere akzeptiert. Die Vorlage von Raufutter kann helfen, Konflikte zu vermeiden.

Pferde scheiden täglich zwischen zehn und 20 Kilogramm Kot und fünf bis zehn Liter Harn aus. Vermischt mit dem Einstreu ergibt das pro Tag eine Menge von 20 bis 30 Kilogramm Mist für jedes Pferd. Zur Erhaltung guter Luft und komfortabler Liegeflächen wird täglich ausgemistet. Dabei werden frischer Kot und nasse Einstreu mit Hilfe von Schaufel und Mistgabel entfernt und durch ausreichend neue Einstreu ersetzt. Andere Arten der Entmistung wie tägliches Einstreuen, aber nur gelegentliche Mistentsorgung stellen eine Belastung für das Stallklima dar.

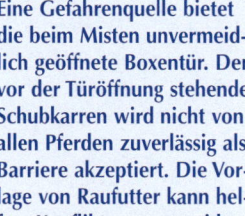

Übliche Geräte für den Stalldienst: Mistgabel, Schaufel, Besen, schmalzinkige Gabel, Hand-Entmister und Schubkarre

Gemistet wird am sichersten und rationellsten, wenn das Pferd sich nicht in der Box befindet. Der Umgang mit einer schmal- oder scharfzinkigen Mistgabel in direkter Nähe der empfindlichen Pferdebeine will für Pferd und Mensch geübt sein!

In manchen Ställen (z.B. größeren Laufställen) ist auch maschinelle Entmistung mit Hilfe von Kleintraktoren mit Frontladern üblich. Pferde mit Atemwegsproblemen sollten während und nach dem Verteilen neuer Einstreu nicht in der Box stehen. Durch das Aufschütteln der Streu entsteht eine erhöhte Luftbelastung, die bis zu einer knappen Stunde dauert.

Weit verbreitet sind mittlerweile Freiflächen vor der Box, die auch als Paddock bezeichnet werden. Sie sollten befestigt sein, um ihre Pflege zu erleichtern. Wird der Boden naturbelassen, bildet sich in kleinen Freiflächen schnell tiefer Matsch, der mit der Zeit durch den Kot oder Urin der Tiere verschmutzt und in trockenem Zustand zur Stolperfalle wird. Jeder Paddock muss regelmäßig gepflegt werden. Hierzu gehört das Absammeln von Kot von Hand oder maschinell, wenn sich die Abgrenzungen öffnen lassen.

Wichtig zu wissen

Die fachgerechte Box

- **Größe:**
  (Widerristhöhe x 2)^2
- **Fensterfläche:**
  mindestens 1 m^2 pro Pferd
- **Boden:**
  eben, rutschfest, strapazierfähig, wasserundurchlässig
- **Krippe:**
  groß, flacher Boden
- **Gitterstäbe:**
  längs, Rundstäbe, wenig Abstand (5 cm)
- **Krippe und Tränke:**
  diagonal anbringen
- **Wände:**
  keine scharfen Ecken und Kanten, hervorstehende oder defekte Teile
- **Einstreu:**
  Pferdeäpfel und nasse Einstreu sollten täglich entfernt und ausreichend durch neue Streu ersetzt werden – am besten ohne Pferd in der Box.

Lästige Angewohnheiten

Tägliche, ausreichende Bewegung ist für die Gesunderhaltung der Pferde von größter Bedeutung. Sportpferden muss neben dem intensiven Training Gelegenheit für stressfreie Bewegung geboten werden. Bewegungsmangel, Fehlen der arttypischen langen Beschäftigungszeiten für die Futteraufnahme und Langeweile sind die Hauptursachen für Unarten im Stall.

Während manche Vierbeiner scheinbar ungerührt unvermeidliche Langeweile in der Box aushalten, suchen andere beständig nach Beschäftigung. Sie nagen – auch ohne Nährstoffmangel – an allem, was sie zwischen die Zähne bekommen können, beißen sogar in Gitterstäbe oder wetzen ihre Zähne daran.

Das oft zu beobachtende Futterbetteln mit den Vorderbeinen in Erwartung von Futter oder Leckerbissen kann sich zu einem rhythmischen Scharren auch ohne äußeren Anlass verselbstständigen. Vor allem bei Bewegungsmangel, aber auch bei Stress und Frustration in der täglichen Arbeit schlagen Pferde scheinbar grundlos gegen Tür oder Wände.

Als möglicherweise gesundheitsschädlich gilt das so genannte Koppen. Dabei schlucken Pferde immer wieder hörbar Luft durch die Speiseröhre in den Magen. Sie setzen dabei entweder mit den Schneidezähnen auf einer geeigneten Fläche (Krippenrand, Zaunpfahl) auf oder beherrschen das Luftschlucken sogar frei. Koppen kann auf lange Sicht Ernährungsstörungen und Koliken verursachen. Gegen Koppen gibt es kaum wirksame Gegenmittel.

Koppen

Das Weben, ein rhythmisches Hin- und Herschaukeln auf den Vorderbeinen, das langfristig Verschleißerscheinungen an der Vorhand verursachen kann, ist ebenfalls eine Verhaltensstörung und kann nach derzeitigen wissenschaftlichen Erkenntnissen vermutlich durch ein traumatisches Ereignis ausgelöst worden sein. Weben wird nur in der Box beobachtet, nicht auf der Weide oder im Auslauf. Bei allen lästigen Angewohnheiten müssen Haltung, Fütterung, Bewegungsangebot und Forderungen in der täglichen Arbeit selbstkritisch überprüft werden. Das wirksamste Instrument für eine Abhilfe besteht in einer Änderung der Haltung hin zu einem freieren Bewegungsangebot und mehr Anreizen für artgerechte Beschäftigung. Denn bei gleich bleibender Routine in gewohnten Abläufen im Stall behalten Pferde Gewohnheiten – leider auch die schlechten – hartnäckig bei.

Weben

Wichtig zu wissen

- **Pferde brauchen regelmäßig ein ausreichendes Bewegungsangebot.**
- **Langeweile, Beschäftigungs- und Bewegungsmangel sowie Stress, Frustration und schlechte oder traumatische Erfahrungen können unerwünschtes Verhalten hervorrufen.**
- **Typische Verhaltensstörungen sind Koppen und Weben, exzessives Nagen und Knabbern, Gitterbeißen, beständiges Scharren oder Schlagen gegen die Boxenwände.**
- **Zur Abhilfe müssen Haltung, Fütterung, Bewegungsangebot und Anforderungen in der Arbeit kritisch überprüft werden. Beste Erfolgsaussichten hat eine Änderung der Haltungsform hin zu mehr freiem Bewegungsangebot (Auslauf, Weide).**

Tipps für die Prüfung

 <u>Welche</u> Haltungsformen kennst du aus eigener Anschauung?

 <u>Überlege</u>, welche praktischen Vor- und Nachteile diese Haltungsformen haben.

 <u>Lerne</u> den Stall, in dem du deine Prüfung ablegst, genau kennen. Wie sind die Pferde untergebracht, wie werden sie bewegt?

 <u>Auf welchen</u> Flächen können die Pferde sich selbst bewegen, wo können sie bewegt werden?

 <u>Wo gibt</u> es Möglichkeiten, Pferde zu putzen, abzuspritzen, vom Schmied oder Tierarzt behandeln zu lassen?

 <u>Wo ist</u> das Zubehör (Putzzeug, Sattelzeug) untergebracht, wie werden Futter, Einstreu und Pferdemist gelagert?

 <u>Welche</u> täglichen Arbeiten fallen bei der Versorgung der Pferde an?

Kein Pferd ist wie das andere

*In einem Reitstall stehen mehrere Füchse mit auffallenden wei-
ßen Abzeichen im Gesicht und an den Beinen. Eines Tages tau-
schen zwei Fuchs-Besitzerinnen vor der Reitstunde ihre Pferde.
Bei den ersten Korrekturen in der Reitstunde wird deutlich, dass
der Reitlehrer den Pferdetausch erst bemerkt hat, als die Pferde
antrabten. Ähnlich wie dem Reitlehrer, der den Pferdewechsel einfach nicht erwartet hatte, ergeht es vielen Pferdefreunden: sie
unterscheiden fremde Pferde auf den ersten Blick an ihren Reitern. Pferde genau anzuschauen und sicher zu unterscheiden,
erfordert einige Übung.*

Körperteile und Grundgangarten

Alle Pferde, so unterschiedlich sie auf den ersten Blick sein mögen,
haben eine vergleichbare Anatomie. Ob sie groß oder klein sind, Stute
oder Wallach, leicht oder schwer, alt oder jung – sie verfügen über
dieselben Körperteile und einen zumindest vergleichbaren Umriss.

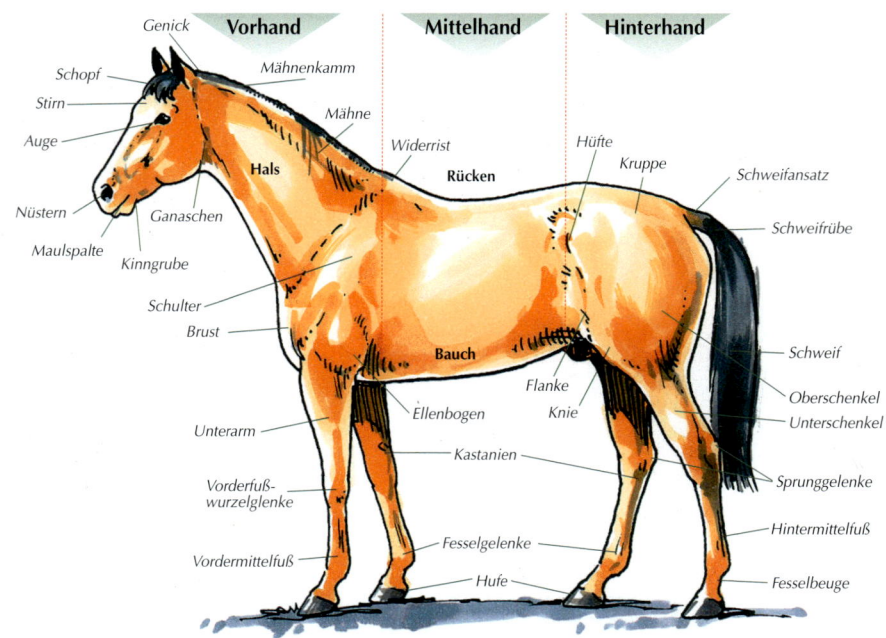

Darüber hinaus verfügt jedes Pferd über drei Grundgangarten: Schritt, Trab und Galopp. Einige Pferderassen – beispielsweise die Islandpferde verfügen häufig zusätzlich über Spezialgangarten wie Tölt oder Pass.
Ungeachtet der Gemeinsamkeiten gibt es einige Beurteilungs- und Unterscheidungskriterien, die jedes Pferd zu einem Individuum werden lassen.

Exterieur und Interieur

Gelegentlich ist es gar nicht einfach, ein Pferd von einem anderen sicher zu unterscheiden. Pferde derselben Rasse können sich zwar sehr ähnlich sehen, aber wer lernt, genau zu beobachten und auf die entscheidenden Kriterien zu achten, wird sich nicht so leicht täuschen lassen. Ganz besonders wichtig ist der fachmännische prüfende Blick für jeden, der ein Pferd kaufen möchte. Die besondere Qualität eines jeden Pferdes wird dabei durch äußere und innere Eigenschaften bestimmt.

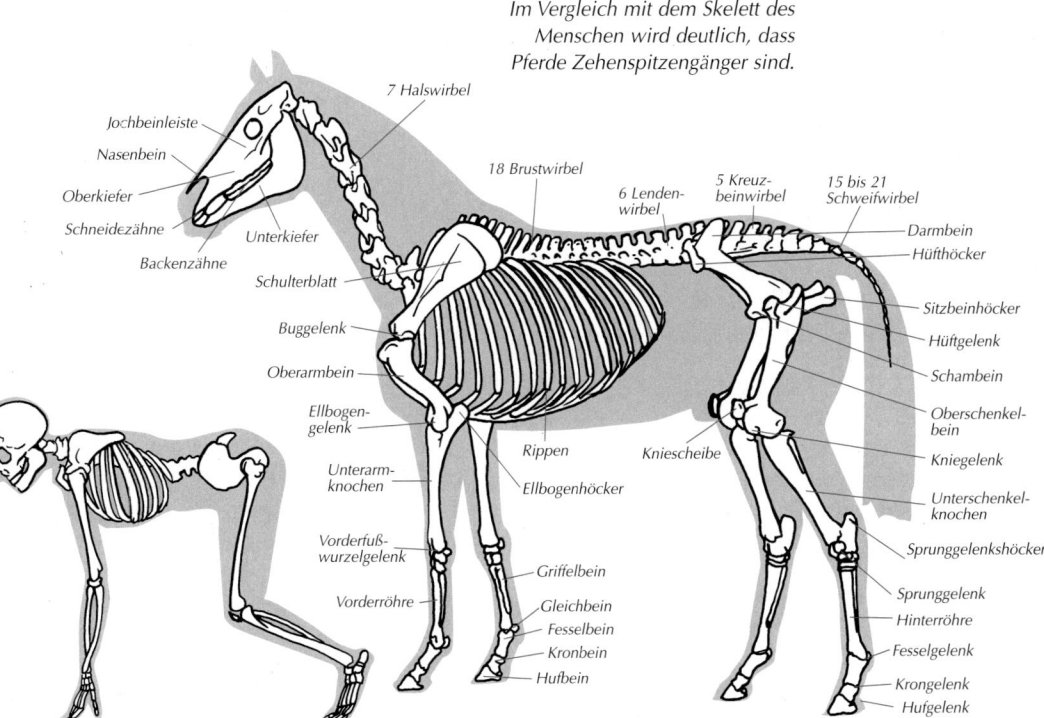

Im Vergleich mit dem Skelett des Menschen wird deutlich, dass Pferde Zehenspitzengänger sind.

Jochbeinleiste
Nasenbein
Oberkiefer
Schneidezähne
Backenzähne
Unterkiefer
Schulterblatt
Buggelenk
Oberarmbein
Ellbogengelenk
Unterarmknochen
Vorderfußwurzelgelenk
Vorderröhre

7 Halswirbel
18 Brustwirbel
6 Lendenwirbel
5 Kreuzbeinwirbel
15 bis 21 Schweifwirbel
Rippen
Griffelbein
Gleichbein
Fesselbein
Kronbein
Hufbein
Ellbogenhöcker
Kniescheibe

Darmbein
Hüfthöcker
Sitzbeinhöcker
Hüftgelenk
Schambein
Oberschenkelbein
Kniegelenk
Unterschenkelknochen
Sprunggelenkshöcker
Sprunggelenk
Hinterröhre
Fesselgelenk
Krongelenk
Hufgelenk

Das Zusammenwirken von äußerem Erscheinungsbild einschließlich Geschlecht, Alter, Größe und Rasse, Bewegungstalent, Charakter, Temperament, Erziehung und Ausbildung machen jedes Pferd zum unverwechselbaren einmaligen Lebewesen.

Das äußere Erscheinungsbild eines Pferdes wird festgelegt durch das Exterieur, das heißt den Körperbau und die Größe sowie durch Farbe, Abzeichen und Geschlecht. Temperament, Charakter und die mit diesen beiden Faktoren verbundene Leistungsbereitschaft werden unter dem Begriff Interieur zusammengefasst.

Das Interieur ist für den möglichen Einsatz eines Pferdes für eine bestimmte Aufgabe genauso entscheidend wie seine körperlichen Eigenschaften. Nicht unterschätzt werden darf auch der Einfluss von Erziehung und Ausbildung auf die Umgänglichkeit und das Leistungsvermögen eines Pferdes.

Fell in vielen Farben

Aus dem ursprünglichen Mausgrau bis Braun der Wildpferde haben sich viele verschiedene Fellfarben herausgebildet. In der Warmblutzucht sind vor allem die vier Grundfarben von Bedeutung: schwarz (Rappen), rotbraun mit gleichfarbigem oder hellerem Langhaar (Füchse), braun mit schwarzem Langhaar (Braune). Schimmel werden meist schwarz, braun oder als Füchse geboren und werden erst von Jahr zu Jahr heller. Meistens ist ein Schimmel erst mit zehn Jahren wirklich weiß.

Je nach Rasse ist die mögliche Farbpalette allerdings sehr viel größer. Falben sind cremefarben bis hellbraun mit schwarzem Langhaar, dunklen Beinen und Hufen. Isabellen haben bei ähnlicher Fellfärbung helles Langhaar und helle Hufe. Schecken besitzen große zusammenhängende Farbflecken in den Grundfarben schwarz, braun, weiß.

Abzeichen am linken Hinterbein

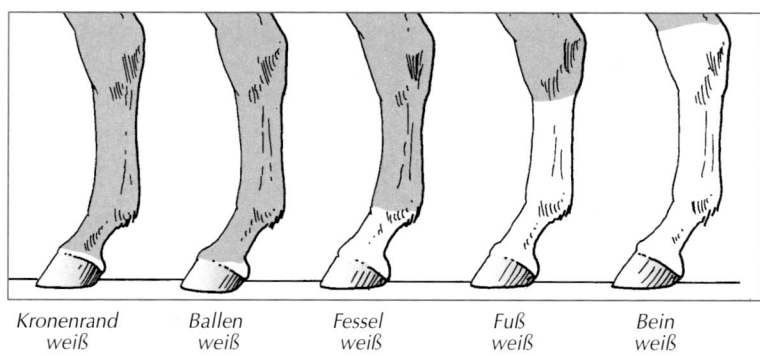

| *Kronenrand weiß* | *Ballen weiß* | *Fessel weiß* | *Fuß weiß* | *Bein weiß* |

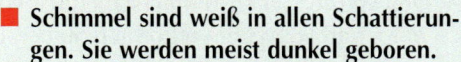

Wichtig zu wissen

- ■ Schimmel sind weiß in allen Schattierungen. Sie werden meist dunkel geboren.
- ■ Rappen sind schwarz mit schwarzem Langhaar.
- ■ Füchse sind braun, rotbraun oder rötlich mit gleichfarbigem oder hellerem Langhaar.
- ■ Braune sind hell-, dunkel- oder schwarzbraun mit schwarzem Langhaar und schwarzen Beinen.
- ■ Falben sind cremefarben bis hellbraun mit schwarzem Langhaar.
- ■ Isabellen sind cremefarben bis hellbraun mit hellem Langhaar.
- ■ Schecken haben große, zusammenhängende Farbflecken – die Bezeichnung variiert je nach ihrer Grundfarbe.

Unverwechselbare Kennzeichen

Zu den unveränderlichen, von Geburt an vorhandenen Kennzeichen eines Pferdes gehören die weißen Abzeichen am Kopf und an den Gliedmaßen. Die möglicherweise vorhandene weiße Zeichnung im Gesicht prägt das individuelle Aussehen eines Pferdes. Typische Abzeichen sind z.B. der Stern auf der Stirn oder die längliche Blesse. Weiße Abzeichen an den Beinen können von kleinen Flecken am Ballen oder am Kronenrand bis über die mittleren Gelenke reichen. Weiße Flecken können aber auch an anderen Körperstellen auftreten, z.B. am Bauch oder am Hals der Pferde.

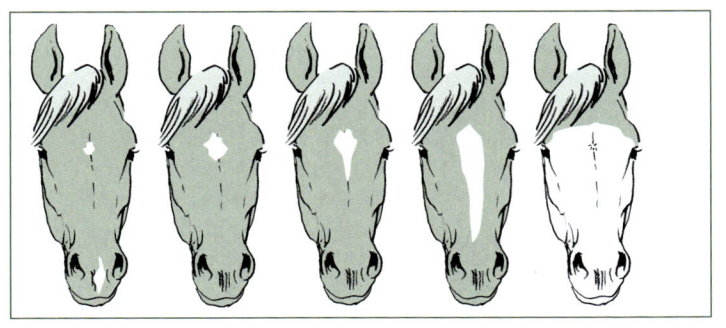

Weiße Abzeichen am Kopf

Flocke und Schnippe   Stern   Keilstern   Blesse   Laterne

Einmalig und unverwechselbar sind bei jedem Pferd Anzahl und Lage der Wirbel im Fell. Sie können als Grundlage für eine sichere Identifizierung herangezogen werden. Ebenso unterschiedlich von Pferd zu Pferd ist die Lage, Größe und Form der verhornten Stellen (Kastanien) an der Innenseite der Gliedmaßen.

Geschlecht und Alter

Das Geschlecht eines Pferdes ist leicht an den äußeren Geschlechtsmerkmalen abzulesen. Unter den männlichen Tieren sind die kastrierten Wallache (keine Hoden mehr vorhanden) bei weitem in der Überzahl. Im Vergleich zu Stuten und Wallachen setzt die Haltung von Hengsten ein hohes Maß an besondere Sachkenntnis und Erfahrung voraus.

Pferde können 20 bis 30 Jahre alt werden, einige Ponyrassen (z.B. Shetlandponys) sogar bis zu 40 Jahren. In der Landespferdezucht ist der Stichtag für die Altersberechnung der 1. Januar. Alle vom 1. Januar bis 31. Oktober geborenen Fohlen gelten als am 1. Januar geboren. Alle vom 1. November bis zum 31. Dezember geborenen Fohlen gelten als am 1. Januar des Folgejahres geboren.

Das Alter eines Pferdes ist nur in Extremfällen (Fohlen oder sehr altes Pferd) eindeutig an äußeren Merkmalen abzulesen. Fohlen haben im Vergleich zu ausgewachsenen Pferden längere Gliedmaßen und einen insgesamt leichteren Körperbau. Bei älteren Pferden entstehen über den Augen Höhlen, die mit zunehmendem Alter tiefer werden. Über den Augenbögen kommen mit den Jahren graue Haare hinzu. Insgesamt treten die Knochenlinien (Gesicht, Hüfthöcker) stärker hervor, sehr alte Pferde neigen zu Senkrücken.

Zahnalterbestimmung

Das Alter eines Pferdes ist ein entscheidender Faktor für seinen Wert. Liegt kein gesicherter Nachweis über den Geburtstermin vor (Abstammungspapiere, ausgestellt von den jeweiligen Zuchtverbänden), können die Zähne Anhaltspunkte für eine ungefähre Altersbestimmung geben.

Stuten besitzen insgesamt 36 Zähne. Hengste und Wallache weisen darüber hinaus vier so genannte Hakenzähne auf, die zwischen den Schneide- und Backenzähnen im Ober- und Unterkiefer stehen.
Für die Zahnalterbestimmung dienen der Durchbruch, der Wechsel,

die Abnutzung der Zähne und die Zahnrichtung der Schneidezähne. Der Durchbruch der insgesamt 12 Schneidezähne (jeweils 6 im Ober- und Unterkiefer) und der insgesamt 12 vorderen Backenzähne im Ober- und Unterkiefer geschieht bereits im Fohlenalter. Zwischen 2½ und 5 Jahren findet in der Regel der Zahnwechsel statt. Die hinteren Backenzähne im Ober- und Unterkiefer – insgesamt 12 – kommen hinzu. Während des Zahnwechsels haben Pferde gelegentlich Schwierigkeiten beim Fressen oder zeigen beim Reiten eine Überempfindlichkeit gegen das Trensengebiss.

Die Abnutzung der Zähne ist im Alter von ungefähr 6 bis 11 Jahren abzulesen am Schwund der Kunden – das sind scharf abgegrenzte, schwarz gefärbte Vertiefungen der Kauflächen an den Schneidezähnen. Später verändern sich die Reibeflächen der Schneidezähne noch mehr, und die Zahnrichtung der Schneidezähne wird immer weniger steil. Bei der Altersbestimmung eines Pferdes oder Ponys kann der Tierarzt behilflich sein.

Große und kleine Pferde

Hinsichtlich der Größe der Pferde gibt es erhebliche Unterschiede. Zu den kleinsten Pferden gehören die Zwergrassen mit kaum mehr als 50 cm und zu den größten die Shire-Horses aus England mit einer Größe bis zu 2 Meter. Die Größenbestimmung eines Pferdes erfolgt meist mit dem Stockmaß, selten mit dem Bandmaß. Beim Stockmaß wird die Größe des Pferdes vom ebenen Boden bis zur höchsten Stelle des Widerristes mit einem Zollstock gemessen. Beim Messen mit dem Bandmaß sind Pferde um einige Zentimeter größer, da das Maßband vom Boden aus den Körperkonturen bis zum Widerrist folgt.

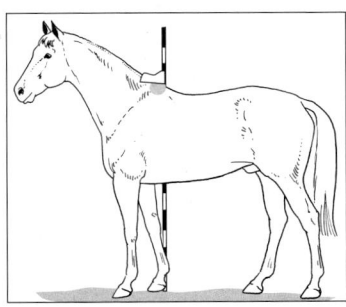

Messen mit dem Stockmaß (oben) oder dem Bandmaß (unten)

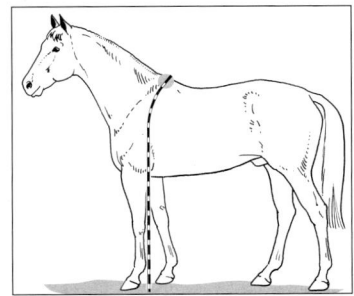

Ponys sind kleine Pferde, die – abhängig von Größe und Statur – auch von Erwachsenen geritten werden können. Um an speziellen Turnierprüfungen für Ponys teilnehmen zu können, dürfen sie die Widerristhöhe von 148 cm nicht überschreiten. Für den Einsatz in der Zucht dürfen die Vertreter einiger Rassen auch größer sein.

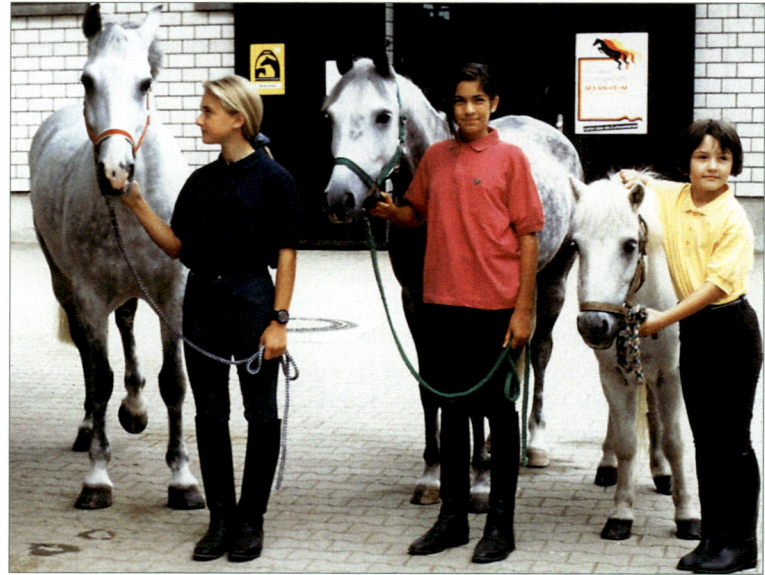

Der Größe nach: links ein Großpferd, rechts zwei Ponys

Wichtig zu wissen

■ Pferde und Ponys werden definitionsgemäß durch ihre Größe unterschieden. Die Grenze für den Turniersport sind 148 cm.

Einteilung in Pferderassen

Weltweit existieren etwa 250 Pferderassen. Zur besseren Übersicht ist es sinnvoll, diese Rassen in größere Gruppen einzuteilen. Die wichtigsten sind:

• Rennpferde: Englische Vollblüter, Traber
• Arabische Rassen: z.B. Arabische Vollblüter, Shagya Araber, Anglo-Araber
• Deutsche Reitpferde aus verschiedenen Zuchtgebieten: z.B. Hannoveraner, Rheinländer, Holsteiner, Trakehner, Oldenburger
• Kaltblüter: z.B. Süddeutsche Kaltblüter, Schwarzwälder Kaltblüter
• Ponys und Kleinpferde: z.B. Shetland-Ponys, Welsh-Ponys, Fjordpferde, Haflinger, Deutsche Reitponys
• Gangpferde: z.B. Islandpferde, Paso-Fino
• Westernrassen: z.B. Quarter Horse, Appaloosa, Paint Horse
• Spezialrassen: z.B. Friesenpferde, Lipizzaner, Andalusier, Tinker

Kaltblüter

Als schwere Arbeitspferde haben Kaltblüter heutzutage ausgedient. So ist der Bestand an Kaltblutpferden in Deutschland drastisch zurückgegangen. Man ist allerdings um die Erhaltung der Kaltblut-Rassen bemüht. Kaltblüter finden noch als Holzrückepferde im Wald Verwendung; kleinere und leichtere Kaltblutrassen erfreuen sich bei Freizeitreitern und -fahrern wachsender Beliebtheit.

Reitpferde/Warmblüter

Die deutsche Reitpferdezucht stellt den überwiegenden Anteil der Reitpferde in Deutschland. Deshalb solltest du dir einige der Zuchtverbände und ihre Brandzeichen merken (Abb. Seite 54).
Alle diese Zuchtverbände verfolgen das Ziel, ein edles Reitpferd mit korrektem Körperbau und elastischen Bewegungen zu züchten, das aufgrund seines Temperaments, seines Charakters und seiner Rittigkeit für jeden Reitzweck geeignet ist. Zahlreiche Auswahlverfahren und Leistungsprüfungen in Zucht und Sport dienen zur Überprüfung dieses Zuchtziels.
Die Trakehner stammen ursprünglich aus dem legendären Gestüt Trakehnen in Ostpreußen. Aus dem ehemals fast 20 000 Pferde umfassenden Bestand überlebten nur wenige den Treck nach Westen am Ende des zweiten Weltkrieges.

Rennpferde und arabische Rassen

Englische Vollblüter (Kennzeichen xx) sind als schnellste Pferde überhaupt die Stars der weltweiten Pferderennen und bilden darüber hinaus die Grundlage für die Zucht zahlreicher Pferderassen auf der ganzen Welt. In allen deutschen Warmblut- und Ponyzuchtverbänden werden Vollblüter zur Veredelung eingesetzt.
Arabische Vollblüter (Kennzeichen ox) gehören zu den ältesten bekannten Pferderassen. Wegen ihrer außerordentlichen Schönheit, Leistungsbereitschaft und Menschenfreundlichkeit werden sie weltweit gezüchtet.

Traber sind speziell für Trabrennen gezüchtete Pferde. Diese Rasse entstand durch die Kreuzung von englischen oder arabischen Vollblütern mit anderen Rassen. Außer im Rennsport werden Traber zunehmend im Freizeit- und Distanzsport eingesetzt.

– Brandzeichen –

Deutsche Reitpferde/Warmblüter in Deutschland

ZUCHTVERBAND	DEUTSCHE REITPFERDE
Pferdezuchtverband **Baden-Württemberg** e.V.	
Landesverband **Bayerischer** Pferdezüchter e.V.	
Pferdezuchtverband **Brandenburg-Anhalt** e.V.	
Verband **hannoverscher** Warmblutzüchter e.V.	
Verband der Züchter des **Holsteiner** Pferdes e.V.	
Verband der Pferdezüchter **Mecklenburg-Vorpommern** e.V.	
Verband der Züchter des **Oldenburger** Pferdes e.V.	
Springpferdezuchtverband **Oldenburg**-International e.V.	
Rheinisches Pferdestammbuch e.V.	
Pferdezuchtverband **Rheinland-Pfalz-Saar** e.V.	
Pferdezuchtverband **Sachsen-Thüringen** e.V.	
Trakehner Verband e.V.	
Westfälisches Pferdestammbuch e.V.	
Zuchtverband für **deutsche Pferde** e.V.	

Englische Ponyrassen und Deutsche Reitponys

Die meisten Ponyrassen gibt es in England. Dazu gehört z.B. eine der kleinsten Ponyrassen, die der Shetlandponys, die weltweit zu den beliebtesten Ponyrassen überhaupt zählt. Ihre Vertreter sind nur bis 107 cm hoch und stammen ursprünglich von einer kleinen Inselgruppe im Norden Schottlands.
Durch die Einkreuzung arabischer und englischer Vollblüter in die bodenständigen Ponyrassen entstanden ausgesprochen hübsche und leistungsfähige kleine Reitpferde für Kinder, die zum Teil auch für Erwachsene geeignet sind. In Deutschland bekannte Ponyrassen sind englische Welsh- und irische Connemara-Ponys.

Die Rasse „Deutsches Reitpony" entstand durch die Kreuzung vor allem englischer Ponyrassen mit Großpferderassen, wie z.B. Arabern und Vollblütern. Deutsche Reitponys sind Reitpferde im Kleinformat mit Talent für alle Disziplinen des Leistungssportes sowie für den Freizeitsport.

Es gibt Zuchtverbände für deutsche Reitponys, die teilweise sowohl die Warmblutpferde als auch die Ponys und Kleinpferde betreuen. Aber es gibt auch eigenständige Zuchtverbände nur für Ponys und Kleinpferde. Sie haben jeweils ihre eigenen Brandzeichen.

Warmblüter

Kaltblüter

Isländer

Shetlandpony

Weitere Ponyrassen

Viele der in Deutschland vertretenen Ponyrassen stammen überwiegend aus dem Norden oder Osten Europas, wo sie schwierigen Wetter- und Lebensbedingungen trotzen mussten. Auch in Deutschland gehören sie zu den Pferden, die bevorzugt robust gehalten werden.

Mit ihrer charakteristischen Falbenfarbe und dem schwarzen Aalstrich auf dem Rücken, der sich auch in der Mitte der Mähne findet, können die norwegischen Fjordpferde ihre Abstammung von den Urwildpferden nicht verleugnen. Die Norweger gelten als patente Freizeitpartner mit vielfältigen Einsatzmöglichkeiten im Reitsport.

Ähnlich beliebt sind die Haflinger, ursprünglich aus Südtirol stammende Gebirgspferde. Auffallend sind die allen Haflingern gemeinsame charakteristische Fuchsfarbe und die dekorativen weißblonden Mähnen und Schweife. Haflinger mit ihrem generell freundlichen, ausgeglichenen Charakter werden heute als Familienpferde und zunehmend als Turnierpferde gezüchtet.

Quarterhorse

Vollblut

Araber

Gangpferde

Islandpferde sind die bekanntesten Gangpferde. Die norwegischen Wikinger, die im 9. Jahrhundert auf die Vulkaninsel Island auswanderten, brachten auch ihre Pferde mit. Ein noch heute gültiges Gesetz bestimmte, dass diese Pferdegesellschaft streng unter sich bleiben sollte. Kein fremdes Pferd darf nach Island eingeführt werden, und kein Pferd, das die Insel einmal verlassen hat, darf wieder zurückkehren. Die Island-Pferde verfügen neben Schritt Trab und Galopp oft noch über die Spezialgangarten Tölt und den Pass. Als kleine, harte, ausdauernde und umgängliche Pferde, die problemlos auch eine schweren Erwachsenen tragen können, haben sie sich weltweit einen Namen gemacht.

Westernpferde

Quarter Horses gelten zahlenmäßig als die größte Pferderasse der Welt. Mit einem Bestand von etwa 3,2 Millionen eingetragener Pferde sind die Quarter Horses weltweit verbreitet. Die Rasse entstand in Nordamerika durch die Kreuzung von Arabern, spanischen Pferden und englischen Vollblütern. Quarter Horses, kleine (145 bis 160 cm), kurze, kompakte und sprintstarke Pferde, sind vor allem als Westernpferde bekannt, die ursprünglich den Cowboys bei der Arbeit halfen. Den Namen allerdings tragen sie nach den beliebten Kurzstreckenrennen, die über eine Viertelmeile gingen.

Spezialrassen

Unter dem Begriff „Spezialrassen" werden Rassen zusammengefasst, die ursprünglich aus anderen Ländern stammen. Dazu gehören die so genannten Barockpferde wie Lipizzaner, die Nachkommen der von der iberischen Halbinsel stammenden Pferde (Andalusier, Lusitanos) oder die pechschwarzen Friesen, ursprünglich aus Holland kommend.

Brände und Mikrochips

Einige Pferde, die von einem speziellen deutschen Zuchtverband registriert wurden, werden als Fohlen auf dem linken Hinterschenkel mit dessen Brandzeichen versehen.
Es gibt die alternativen Möglichkeiten des Heiß- oder Kaltbrandes.

Der Kaltbrand wird in Deutschland kaum noch angewendet.
Zusätzlich zum Brandzeichen des Verbandes erhalten Fohlen einen Nummernbrand zur Sicherstellung der eindeutigen Identifizierung. Die Zuchtverbände stellen auch Equidenpässe mit Abstammungspapieren und Zuchtbescheinigungen aus. Auch Pferde ohne Abstammungspapier können auf Antrag des Besitzers mit einem Nummernbrand gekennzeichnet werden. Darüber hinaus bekommt jedes Pferd eine eindeutige 15-stellige Lebensnummer, die das Pferd immer beibehält.

Seit 2010 muss jedes Pferd einen Mikrochip erhalten, der eine einmalig vergebene Nummer trägt. Mit Hilfe eines speziellen Lesegeräts kann ein Pferd damit zweifelsfrei identifiziert werden.

Wichtig zu wissen

Ein Pferd wird eindeutig gekennzeichnet durch:
- **das Geschlecht**
- **das Alter, einzuschätzen an den Zähnen**
- **die Grundfarbe**
- **weiße Abzeichen am Kopf, an den Beinen und anderen Körperstellen**
- **die Lage von Wirbeln im Fell**
- **Größe und Form der Kastanien**
- **sonstige Abzeichen: Stichelhaar, Narben, Muskeldellen**
- **Mikrochip und ggf. Brand sowie die dazugehörigen Nummern**

Equidenpässe und Zuchtbescheinigungen

Seit dem 1. Juli 2009 ist in Europa für jedes Pferd 6 Monate nach der Geburt ein Equidenpass (Pferdepass – vgl. Seite 138) zwingend vorgeschrieben. In der Praxis bedeutet diese Bestimmung für jeden Pferdehalter die Registrierung seines Pferdes bzw. Fohlens.

Ein wichtiges Dokument für Pferdebesitzer und Tierarzt: der Equidenpass (Pferdepass).

Auskünfte über das Ausstellen von Equidenpässen erteilen alle Pferdezucht-Verbände und die Deutsche Reiterliche Vereinigung (FN). Der Equidenpass enthält neben den nötigen Angaben zur zweifelsfreien Identifizierung eines Pferdes auch Vermerke über Impfungen und die Verabreichung von Medikamenten.

Zuchtverbände stellen darüber hinaus so genannte „Zuchtbescheinigungen", also Bescheinigungen über Geburt, Abstammung, Züchter und Besitzer eines Pferdes aus. Diese Dokumente helfen, Fragen nach Identität und Besitzverhältnissen eines Pferdes zweifelsfrei zu klären. Früher wurden sie separat ausgestellt, heute sind sie Bestandteil des Equidenpasses (inklusive Zuchtbescheinigung).

Wichtig zu wissen

■ **Jedes Pferd muss einen entsprechenden Equidenpass besitzen und mit sich führen.**

Tipps für die Prüfung

 Kannst du alle Pferde in eurem Stall sicher unterscheiden, auch wenn du sie in ungewohnter Umgebung, z.B. auf der Weide oder im Auslauf, siehst? Schaue dir die Pferde in dem Stall, in dem du reitest, genau an. Versuche, möglichst viele äußere Merkmale zu erkennen: Geschlecht, ungefähre Größe, Farbe, weiße Abzeichen, Zugehörigkeit zu einer Rasse, Alter.

 Schaue auf dem linken Hinterschenkel und bei ausländischen Pferden auch in der Sattellage nach Brandzeichen. Kannst du sie erkennen?

 Versuche, einem/einer anderen Teilnehmer(in) an der Prüfung ein Pferd aus eurem Stall zu beschreiben. Erkennt er/sie, welches Pferd du meinst?

Grasfresser auf Rationen

Ein junger Springreiter möchte an der abendlichen Springstunde in seinem Reiterverein teilnehmen. Da er sich verspätet hat, trifft er erst während der Abendfütterung im Stall ein. Er putzt und sattelt sein Pferd, während es frisst, und führt es dann auf den Springplatz. Nachdem er einige Trainingssprünge absolviert hat, bleibt sein Pferd stehen, beginnt zu scharren, zu schwitzen und sich zum Bauch umzusehen. Der herbeigerufene Tierarzt stellt eine Verdauungsstörung, eine Kolik fest.

Das Verdauungssystem der Pferde ist empfindlich und leicht aus dem Gleichgewicht zu bringen. Pferde brauchen unbedingt Ruhe beim Fressen und eine mindestens einstündige Verdauungspause nach der Mahlzeit.

Vom Maul bis in den Magen

Pferde sind außerordentlich geschickt darin, ihre Nahrung passend auszuwählen. Sehr bewegliche Lippen mit sensiblen Tasthaaren (Bild Seite 18) erlauben es ihnen, unerwünschte Bestandteile oder Fremdkörper auszusortieren. Mit Hilfe der Lippen, der Schneidezähne und der Zunge wird die Nahrung erfasst und in den hinteren Bereich des Maules transportiert, wo die Backenzähne die aufgenommene Nahrung zerkleinern. Der Kauvorgang löst die Speichelproduktion aus, durch Zusatz von Speichel entsteht ein Speisebrei, der durch die bis zu 1,5 m lange Speiseröhre in den Magen abgeschluckt wird.

Ein kräftiger Schließmuskel verhindert, dass Nahrung in den Schlund zurückfließt, wenn der Magen gefüllt ist. Daher können Pferde auch nicht erbrechen – was einmal abgeschluckt wurde, muss die lange Magen-Darm-Passage antreten.

Der Pferdemagen ist relativ klein und liegt weit vorn, das heißt, noch in dem Teil der Bauchhöhle, der durch die Rippen geschützt ist. Er fasst nur etwa 15 bis maximal 20 l Inhalt. Im Magen wird das Futter geschichtet und mit Magensaft versetzt. Diese Verdauungsphase ist wichtig für den ungestörten Ablauf der Verdauung.

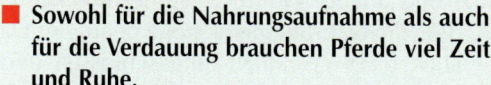

Wichtig zu wissen

- Sowohl für die Nahrungsaufnahme als auch für die Verdauung brauchen Pferde viel Zeit und Ruhe.
- Während der Fütterungszeiten und mindestens eine Stunde danach sollten Pferde nicht gestört werden.
- Um Verdauungsstörungen zu vermeiden, sollte ein Pferd auf keinen Fall direkt nach der Gabe von Kraftfutter geritten werden.

Vom Dünndarm bis zum Äppelhaufen

Der Weg der Nahrung führt weiter über den 16 bis 24 m langen Dünndarm und dann über den 8 bis 9 m langen Dickdarm. Die unverdaulichen Reststoffe werden als Kot abgesetzt. Bei einem gesunden Pferd mit intakter Verdauung soll der Kot die Form kleiner Äpfel haben – daher spricht man auch von Pferdäpfeln oder umgangssprachlich von Äppelhaufen. Am Aussehen des Kots lassen sich Verdauungs- und Gesundheitsprobleme ablesen.

Die Verdauungsorgane

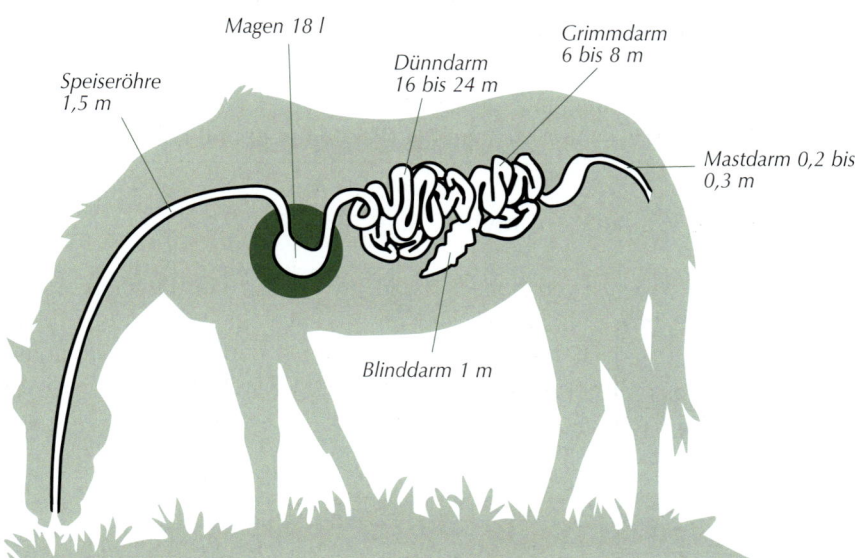

Speiseröhre 1,5 m

Magen 18 l

Dünndarm 16 bis 24 m

Grimmdarm 6 bis 8 m

Mastdarm 0,2 bis 0,3 m

Blinddarm 1 m

Pferdeäpfel sollen weich, aber deutlich geformt sein, glänzend grün-braun-gelb gefärbt sein und keinen unangenehmen Geruch haben. Weicher, breiiger und unangenehm riechender Kot kann ein Anzeichen dafür sein, dass die Nahrung nicht lange genug im Darm geblieben und daher auch nicht gründlich aufgeschlossen und verwertet wurde. Helle, trockene und harte Pferdeäpfel können ein Hinweis auf beginnende Verstopfung sein. Sie entsteht durch einen zu hohen Anteil an schwer verdaulichen Stoffen, z.B. bei ausschließlicher Haferfütterung oder durch altes, grobstängeliges Heu und Stroh.

Mögliche Verdauungsprobleme im Überblick

- Quellfähige Nahrungsmittel, die trocken verfüttert wurden (z.B. getrocknete Rübenschnitzel, Weizenkleie)
  - → **Schlundverstopfung (lebensgefährlich!)**
- Ganze Äpfel, unzerkleinert heruntergeschluckt
  - → **Schlundverstopfung**
- Hygienisch nicht einwandfreies Futter (Befall von Bakterien oder Schimmelpilzen, gefrorenes oder vergorenes Futter)
  - → **Fehlgärungen in Magen und Darm und Koliken**
- Futtermittel, die verkleistern können (Roggen oder Weizen) nur in geringem Umfang verfüttern
  - → **Gefahr von Magenschleimhautentzündungen mit Hufrehe**
- Zu hoher Eiweißgehalt der Nahrung (Gras im Frühjahr) kann
  - → **schwerwiegende Erkrankungen (z.B. Hufrehe) hervorrufen.**
- Zu niedriger Anteil von Raufutter (Heu, Futterstroh)
  - → **Verdauungsprobleme**
- Frisches, nicht abgelagertes Heu und Stroh wird oft zu gierig aufgenommen
  - → **Gefahr von Anschoppung (Verstopfung) und Kolik**

Ohne Wasser geht nichts

Safety first

Verdauungsprobleme beim Pferd sind immer ein Alarmsignal. Bei Anzeichen einer Kolik (siehe Seite 136) muss so schnell wie möglich ein Tierarzt zugezogen werden.

Pferde haben einen hohen Bedarf an Wasser. Ein ausgewachsenes Großpferd braucht – je nach Witterung, körperlicher Belastung und Fütterung mit Raufutter – maximal 40 bis 70 l Trinkwasser am Tag. Das Wasser sollte entweder in einer Selbsttränke frei zugänglich sein oder aus einem Eimer mehrmals täglich frisch angeboten werden. Dabei sollten Pferde ihren Durst vor der Fütterung und 1 bis 3 Stunden danach stillen können. Der Wasserbedarf steigt z.B. nach der Gabe von Heu oder

Futterstroh, nach Wasserverlust durch Ausscheidungen (Schwitzen) und ist darüber hinaus abhängig von der Witterung. Tränkanlagen bzw. Tränkeimer müssen regelmäßig gereinigt werden.

Selbsttränken sind für die Pferdehaltung bequem, sollten aber beobachtet und kontrolliert werden. Manche Pferde neigen zur Wasserverschwendung, zu Spielerei oder zum Einweichen von Heu und Futter in der Tränke. Dabei wird möglicherweise zu viel Wasser aufgenommen und die Futteraufnahme im Verdauungstrakt gestört. Wenn das Wasser in der Tränke regelmäßig überläuft, wird die Einstreu durchnässt. Hygiene- und Hufprobleme können die Folge sein.

Wichtig zu wissen

- Ein Pferd braucht in Abhängigkeit von Raufuttergabe, Witterung und Flüssigkeitsverlust bis zu 70 l sauberes Wasser am Tag (mindestens 3 mal anbieten, vor und 1 bis 3 Stunden nach den Mahlzeiten tränken).
- Übermäßige Wasseraufnahme direkt vor der Fütterung vermeiden.
- Selbsttränken oder Eimer müssen regelmäßig gereinigt werden.
- Erhitzten Pferden nicht zu viel Wasser auf einmal und kein zu kaltes Wasser vorsetzen.

Empfindliches Gleichgewicht

Die richtige Zusammensetzung und Dosierung des Futters entscheidet über Gesundheit, Wohlbefinden und Leistungsbereitschaft eines Pferdes. Daher sollte die Wahl der Futtermittel und die angemessene Zusammensetzung und Dosierung immer von einem Fachmann vorgenommen werden. Wichtig ist neben Qualität und Menge des Futters die Gabe von genügend Raufutter, also Heu und Futterstroh (Hafer, Weizen- und Gerstenstroh). Pferden sollte vor jeder Kraftfutter-Mahlzeit auch Raufutter vorgelegt werden. Heu ist das einzige Nahrungsmittel, das man Pferden unbedenklich zur Selbstversorgung bis an die Sättigungsgrenze anbieten kann. Qualitativ einwandfreies Raufutter befriedigt nicht nur das Kaubedürfnis des Pferdes, sondern schützt auch vor Fehlgärungen und letztlich vor Koliken.

Safety first

Da Pferde frisches Heu und Stroh besonders gierig und bis über die Sättigungsgrenze hinaus fressen, sollten lose Restmengen bei der Stroh- und Heuernte keinesfalls in die Ställe gestreut werden.

Pferde sind Grasfresser, die jede Gelegenheit zum Grasen gern ausnutzen.

Individuelle Rationen

Die Ermittlung des Futterbedarfs für ein einzelnes Pferd richtet sich nach vielen verschiedenen Faktoren: Rasse, Alter, Größe, ungefähres Körpergewicht, Haltungsform, Temperament und vor allem nach der abverlangten Leistung.

Eine länger andauernde Unter- oder Überversorgung mit Futtermitteln, Vitaminen und Mineralien kann zu einem Abfall der Leistungsbereitschaft und sogar zu gesundheitlichen Problemen führen.
Eine überlieferte Faustregel für den täglichen Futterbedarf eines großen (500 kg schweren) Pferdes, das arbeitet (also regelmäßig geritten oder gefahren wird), lautet:
10 Pfund Hafer, 10 Pfund Heu, 10 Pfund Stroh. Als Anhaltspunkt ist diese Formel auch nach neuesten Erkenntnissen zur Pferdefütterung noch brauchbar, sie muss allerdings im individuellen Einzelfall jeweils sorgfältig variiert werden. Dabei sind heutzutage Probleme durch Überfütterung häufiger zu beobachten als durch Unterversorgung an Nährstoffen. Das gilt vor allem für Ponys. Sie sind meist sehr gute Futterverwerter; ihre Rationen sollten eiweiß- und energiearm sein. Große Vorsicht ist deshalb bei Gras im Frühjahr geboten.

4

Wichtig zu wissen

■ Der Futterbedarf eines Pferdes richtet sich nach Rasse, Alter, Körpergewicht Haltungsform, Temperament und vor allem nach abverlangter Leistung.

■ 10 Pfund Hafer, 10 Pfund Heu und 10 Pfund Stroh pro Tag gelten als <u>Anhaltspunkt</u> für ein Großpferd, das regelmäßig gearbeitet wird.

Futtermittel für Pferde

Aus Hafer, Heu und Stroh besteht das traditionelle Pferdefutter; es gibt aber eine Fülle weiterer sinnvoller und artgerechter Futtermittel. Pferdefutter wird in drei große Gruppen eingeteilt: Kraftfutter, (Einzel- oder Mischfutter), Saftfutter und Raufutter. Zusätzlich werden oft Vitamin- und Mineralienmischungen zugefüttert, außerdem Belohnungsfutter aus der Hand.

Pferde, die in der Arbeit regelmäßig schwitzen, brauchen einen Salzleckstein, an dem sie ihren Bedarf selbstständig stillen können.

Safety first

Keinesfalls dürfen Salzlecksteine in erreichbarer Nähe für Saugfohlen angebracht werden. Wenn sie zu viel Salz aufnehmen, können sie gesundheitliche Schäden davontragen.

Pferdefutter im Überblick

Gängiges **Kraftfutter** Hafer (ganz oder gewalzt)
Mais (gebrochen, geschrotet)
Gerste (gewalzt oder geschrotet)
Industriell gefertigte Futtermischungen (lose oder pelletiert)

Raufutter Heu
Futterstroh (Hafer-, Weizenstroh); Streustroh (Roggen-, Gerstenstroh)

Saftfutter Grünfutter (Weide- oder Wiesengras)
Silagen (Mais-, Anwelksilage)

4

Einzelfuttermittel	zur <u>Ergänzung</u> des Kraftfutters
	Trockenschnitzel (eingeweicht)
	Kleie (eingeweicht oder angefeuchtet)
	Melasse
	Bierhefe
	Pflanzenöle

Stroh · Wasser · Hafer (gequetscht) · Mischfutter (Müsli) · Fertigfuttermischung (Pellets) · Heu · Holzspäne (Einstreu)

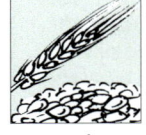

Körnerfutter · Saftfutter · Heurippe · Salzleckstein · Eingeweichte Rübenschnitzel · Pelletiertes Mischfutter

Wichtig zu wissen

- Zum Kraftfutter / Krippenfutter gehören: Hafer, Gerste und Mais sowie zahlreiche industriell gefertigte Futtermischungen.
- Zum Saftfutter gehören: Grünfutter, Silagen, Möhren und Futterrüben.
- Zum Raufutter gehören: Heu und Futterstroh.
- Zusätzliche Einzelfuttermittel sind Mineralsalze, Kleie, Trockenschnitzel aus Zuckerrüben, Melasse, Leinsamen, Bierhefe und Pflanzenöle.

Pünktliche Mahlzeiten

Dem Verdauungssystem der Pferde käme die Fütterung vieler kleiner Portionen pro Tag entgegen, ebenso wie die Gabe von Raufutter vor dem Kraftfutter. Bei Reitpferden sollten mindestens drei Futterrationen pro Tag gegeben werden. Ideal ist es, jedes Mal Krippenfutter (Kraftfutter) und Raufutter anzubieten. Dabei sollte die größte Portion des Raufutters abends gegeben werden.

Pünktliche Futterzeiten sind möglichst einzuhalten und während der Fütterung und in der Verdauungsphase muss Ruhe im Stall herrschen.

Safety first
Futtermittel, die sichtbar verunreinigt sind (Erdreste an Futtermöhren), Fremdkörper enthalten (Staub, Unkrautsamen, Ratten-, Mäusekot im Getreide), vergoren oder schimmelig sind (Kraftfutter, Kleie, Heu, Stroh), sind für Pferde nicht geeignet. Es besteht Gefahr von Atemwegserkrankungen, Koliken, Vergiftungserscheinungen oder allergischen Reaktionen.

Praktischer Ablauf der Fütterung

Kraftfutter wird aus der Futterkrippe gefüttert, Raufutter vom Boden aus. Nicht zu empfehlen ist die Verwendung einer hoch angebrachten Futterraufe, weil Pferde dabei zu einer unnatürlichen Fresshaltung gezwungen werden und ihnen leicht Fremdkörper in die Augen gelangen können. Ebenfalls problematisch ist die Verwendung von Heunetzen zur Fütterung in der Box. Im leeren, festgebundenen Heunetz kann sich ein Pferd beim Wälzen mit den Hufen verfangen und verletzen.

Wegen der dramatischen Zunahme von allergischen Atemwegsproblemen bei Pferden empfiehlt sich für anfällige Pferde, das Heu in einem Wasserbad einzutauchen und anschließend ablaufen zu lassen. Auf diese Weise wird die Belastung durch Staub und Gräserpollen vermindert. Wegen der möglichen Belastung durch Staub und Schimmelpilze dürfen Pferde mit bekannter Atemwegsallergie nur angefeuchtetes Heu und kein Futterstroh erhalten. Außerdem bieten sich für sie staubfreie Hobelspäne als Einstreu eher an als Stroh.

Safety first
Zur Vermeidung von Koliken sollten Reitpferde frühestens eine Stunde nach der Fütterung geritten werden.

4

Futterneidische Pferde gefährden sich selbst und die Nachbarpferde.

Vorsicht, Futterneid

Eine gute Portion Futterneid gehört zum biologischen Erbe vieler Pfer-de. Durch die Rangordnung in einer Pferdeherde wird auch geregelt, wer als Erstes an die begehrteste Futter- oder Wasserstelle darf. Daher gehört es zum natürlichen Verhaltensrepertoire der Pferde, ihren vier-beinigen Nachbarn vom Futter wegzudrängen, etwa den Konkurrenten auf der Weide nicht an den Trog zu lassen. Unterschiedlich starke Ausprägungen dieses Futterneides kann man jedoch nicht nur an der Futterstelle auf der Weide, sondern ebenfalls in vielen Pferdeställen zur Fütterungszeit beobachten. Pferde zeigen Unruhe und sichtbare Drohgebärden, beißen ins Trenngitter zur Nachbarbox oder schlagen gegen die Boxenwände. Es besteht eine nicht unerhebliche Gefahr, dass futterneidische Pferde sich bei diesen Attacken selbst und auf der Koppel auch andere Pferde verletzen.

Futterneid lässt sich Pferden nicht abgewöhnen. Es gibt jedoch einige Maßnahmen, um die Problematik zu entschärfen, wie z.B. das Anbinden der Pferde beim Füttern, Fressstände im Weide- oder Laufstall, Sichttrennungen bei Boxen und die Möglichkeit, das gierigste Pferd zuerst zu füttern.

Futterneidische Pferde können ebenfalls dazu neigen, den Menschen zu attackieren, der ihnen das Futter bringt. Geht es ihnen nicht schnell genug, versuchen sie etwa, in den Futtereimer oder andere Gegenstände zu beißen.

> ### *Safety first*
> Im Umgang mit futterneidi-schen Pferden ist Konse-quenz erforderlich. Das Pferd muss mit Stimme und Gesten deutlich in seine Schranken gewiesen werden. Es darf erst zu fressen begin-nen, wenn das Futter in der Krippe ausgeschüttet ist.

Tipps für die Prüfung

 Suche die Gelegenheit, beim Füttern im Stall zu helfen. Lass dir die Futtermittel zeigen und erklären.

 Finde heraus: Wie sieht der Futterplan für ver-schiedene Pferde aus?

 Wie viel und welches Futter bekommen kranke Pferde, die nicht bewegt werden?

 Versuche, die Qualität von Heu und Stroh ein-zuschätzen. Achte darauf, ob du staubige, schimmelige Anteile entdecken kannst.

Mit Pferden umgehen

Ein noch unerfahrener und etwas ängstlicher Reiter soll zum ersten Mal ein Schulpferd reiten, das er noch nicht kennt. Er nähert sich dem Pferd vorsichtig und vorschriftsmäßig seitlich von vorn. Dennoch legt das Pferd die Ohren an und ist widersetzlich, als er zu putzen beginnt. Der Reitschüler bittet seinen Ausbilder um Hilfe. Der geht energisch auf das Pferd zu und beginnt, kraftvoll zu striegeln. Das Pferd steht völlig entspannt da und zeigt keinerlei Abwehrreaktion.

Viele Anfänger machen die frustrierende Erfahrung, dass Pferde ihnen offensichtlich Unerfahrenheit und Angst bereits beim ersten Handgriff anmerken. Kein Wunder: Pferde verständigen sich untereinander vorrangig durch Körpersprache – daher können sie auch Unsicherheit und Angst in menschlichen Bewegungen und Körperhaltungen zweifelsfrei deuten. Aus der Sicht eines Pferdes nähert sich in diesem Fall ein rangniederes Lebewesen.

Behutsame Annäherung

Ein Pferd beobachtet beständig, was sich in seinem Gesichtskreis abspielt und registriert jede Annäherung in seiner Umgebung. In Sekundenbruchteilen entscheidet es, ob es gelassen abwarten kann – oder ob Grund zur Aufregung, vielleicht sogar zur Flucht besteht. Die beste Sicht auf jeden Neuankömmling bietet sich Pferden in dem Bereich, den sie mit beiden Augen sehen können (siehe Seite 17).

Wenn du dich einem Pferd schräg von vorne näherst, wird es dich am schnellsten als bekanntes menschliches Wesen identifizieren. Sprich das Pferd dabei an – am Ohrenspiel kannst du ablesen, ob es dich bemerkt hat. Bewege dich im Blickwinkel eines Pferdes immer behutsam und gleichmäßig und vermeide es, zu eilen oder gar zu rennen. Alles, was sich hastig und unkontrolliert bewegt, verunsichert die meisten Pferde!

Nicht günstig ist es, direkt von vorn auf ein Pferd zuzugehen, denn direkt vor dem Pferdekopf liegt ein schmaler toter Winkel, in dem das Pferd nichts sieht.

Ein größerer toter Winkel befindet sich direkt hinter dem Pferd. Daher ist der schlimmste denkbare Fehler eine Annäherung direkt von hinten. Noch in jedem Pferd oder Pony steckt ein Rest Wildpferd, das vor der Annäherung von Unbekanntem Angst hat. Bei einer unverhofften Bewegung oder gar Berührung im toten Winkel kann es sich erschrecken und unvermittelt reagieren, möglicherweise sogar ausschlagen.

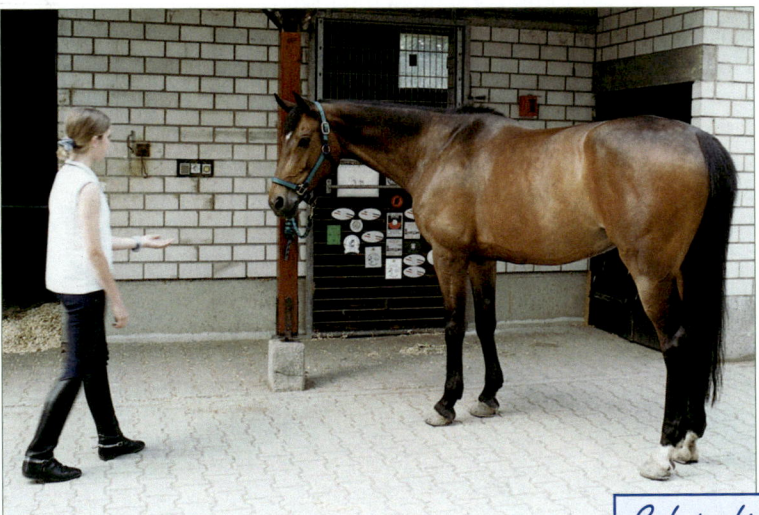

Nähere dich einem Pferd seitlich von vorn und sprich es an. Sein Gesichtsausdruck sagt dir, ob es dein Kommen bemerkt hat.

Safety first
Wenn du von hinten auf ein Pferd zugehst, sprich zunächst mit dem Pferd und berühre es erst, wenn du dir sicher bist, dass es dich gesehen und gehört hat.

Schnupperkontakt

Biete dem Pferd an, an deiner Hand zu schnuppern – das ist die natürliche Begrüßung eines Pferdes. Das Ohrenspiel verrät dir seine Stimmung (Abb. Seite 28): nach vorn gespitzte Ohren signalisieren freundliches Interesse. Bei nach hinten gelegten Ohren sind dagegen Vorsicht und Zurückhaltung angebracht. Ein freundlich gesinntes Pferd lässt sich gern am Nasenrücken streicheln und am Hals leicht klopfen. Damit verbindet das Pferd eindeutig angenehme Erfahrungen: Auch der Reiter im Sattel klopft sein Pferd am Hals, wenn er es loben will.

Leckerbissen

Zurückhaltung ist dagegen bei der Gabe von Leckerbissen das wichtigste Gebot. Grundsätzlich sollte niemand ein fremdes Pferd ohne Einverständnis des Besitzers füttern. Füttern aus der Hand kann unerwünschte Reaktionen hervorrufen, die sich kaum wieder abstellen lassen. Zum einen lösen Leckerbissen oft bei benachbarten Pferden im Stall Futterneid aus – sie scharren, klopfen gegen die Türen, beißen in die Gitter oder keilen sogar nach dem Nachbarpferd aus. Bei all diesem aggressiven Verhalten ist die Verletzungsgefahr groß. Zum anderen kann ein Pferd, das häufig aus der Hand gefüttert wird, lästige Verhaltensweisen lernen: Futterbetteln durch Scharren und Knabbern, Stoßen mit dem Kopf, manchmal sogar Schnappen und Beißen.

Wenn das Pferd einen Leckerbissen aus der Hand erhalten soll, dann am besten als feststehendes Ritual der Begrüßung oder als Belohnung nach der Arbeit.

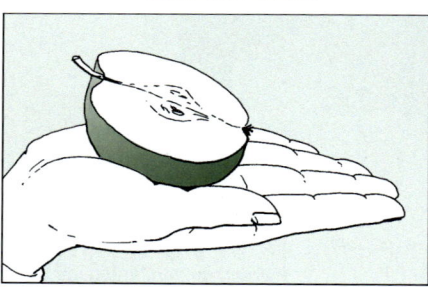

Lass dich in deinem eigenen Interesse nicht erweichen, Leckerbissen aus der Reihe zu geben, vor allem nicht beim Putzen! Füttere das Pferd nur aus der Hand, wenn es kein Gebiss im Maul hat.

Füttere ein Pferd nur aus der flachen Hand mit angelegtem Daumen.

Leckerbissen im Überblick

Spezielle Leckerli	(im Fachhandel erhältlich)
Mohrrüben	(von Erde befreien)
Äpfel	(halbieren oder vierteln)
Bananen	(ohne Schale)
Getrocknetes Brot	(muss ganz trocken sein; bei Schimmelbefall gesamten Brotvorrat wegwerfen!)
Zuckerstückchen	(nur ausnahmsweise; schädlich für die Zähne, können regelrechte Lecksucht hervorrufen)

Mit Pferden sprechen

Besonders wichtig für den Umgang mit dem Pferd ist die menschliche Stimme, da Pferde die Art der Ansprache auf Anhieb verstehen und richtig interpretieren können. Bestimmte, energische Kommandos, freundliches Lob und deutlichen Tadel kannst du einem Pferd am einfachsten mit Hilfe deiner Stimme vermitteln.

Gewöhne dir an, immer auf die gleiche Weise mit Pferden zu sprechen, mit möglichst ruhiger, tiefer Stimme. Gib immer gleiche, kurze, eindeutige Kommandos, z.B.: „Gib Huf!" „Steh!" oder „Geh rum!". Vermeide dabei große Lautstärke und eine hohe, schrille Tonlage – beides ist Pferden unangenehm. Ein kurzes, scharfes „Nein!" reicht oft schon aus, um ein Pferd daran zu hindern, sich schlecht zu benehmen. Für Pferdefreunde sollte es in diesem Zusammenhang selbstverständlich sein, im Pferdestall keine lautstarken Auseinandersetzungen auszutragen und nicht unkontrolliert zu schreien.

Die eigene Körpersprache

Genauso wichtig wie die Stimme ist die Körpersprache für eine Verständigung mit Pferden. Sie haben ein untrügliches Gespür dafür, ob sich ihnen ein selbstbewusstes oder ängstliches Lebewesen nähert. Auf Signale, die von der menschlichen Körperhaltung ausgehen, reagieren sie sensibler als viele Menschen. Unsicherheit, Anspannung und Angst, aber auch mangelnde Konzentration und Unbehagen verraten sich durch unsere Körperhaltung. All diese Signale sind den Pferden unangenehm. Wer vor einem Pferd Angst hat, versucht beispielsweise instinktiv, bei einer Annäherung seine inneren Organe zu schützen. Das heißt, er streckt die Hände vor und versucht mit eingezogenem Bauch, den Körper möglichst weit weg von der Gefahrenquelle zu halten.

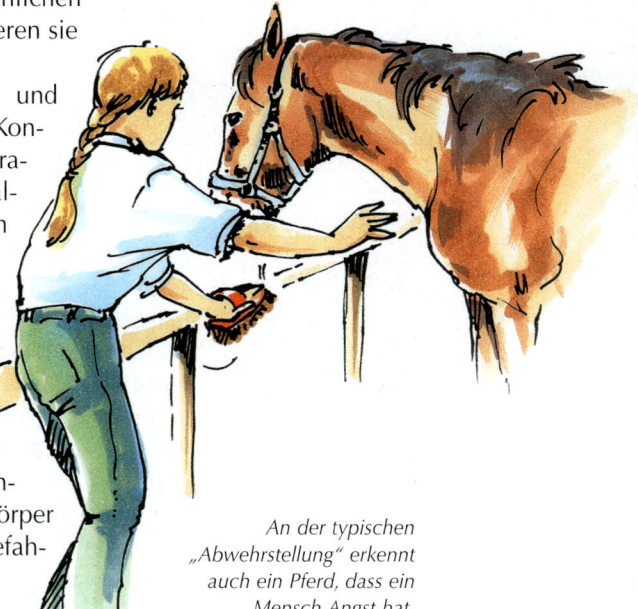

An der typischen „Abwehrstellung" erkennt auch ein Pferd, dass ein Mensch Angst hat.

5 Selbstsicheres, bestimmtes Auftreten in Körperhaltung, Schritt und Stimme lässt sich trainieren – aber nur bis zu einem gewissen Grad. Wer allzu viel Angst hat, wird kein Pferd vom Gegenteil überzeugen können, denn die Körperhaltung wird zum großen Teil unwillkürlich gesteuert. Um Pferden gegenüber Selbstsicherheit zu gewinnen, ist es entscheidend, sich anfangs einen braven, gut erzogenen, duldsamen und menschen-freundlichen vierbeinigen Partner auszusuchen.

Gewöhnung von links

Wer sich in unmittelbarer Nähe eines Pferde aufhält, sollte das Pferd immer im Auge behalten. Selbst wenn die allermeisten Pferde auf uns Menschen freundlich reagieren, können plötzliche Instinktreaktionen

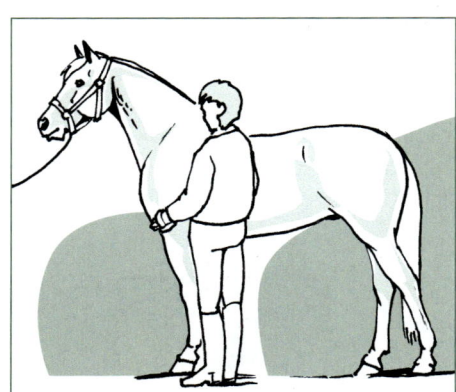

oder schlechte Angewohnheiten eben-so wie unsachgemäßer Umgang ge-fährliche Situationen herbeiführen. Von den Hufen und Zähnen der Pferde kann im Ernstfall für uns Menschen eine große Verletzungsgefahr ausge-hen. Beeindruckend ist der große Aktionsradius der Vorder- und Hinter-beine.

Der Standort dicht neben der Pferdeschulter bietet die größte Sicherheit vor den Pferdehufen.

Der sicherste Standort direkt neben dem Pferd ist der Platz neben der linken Pferdeschulter. Pferde können ihre Vorderbeine nur minimal zur Seite bewegen und mit den Hinterbeinen nicht ganz so weit nach vorne reichen. Daher bietet diese Position den besten Kompromiss zwischen Nähe und Sicherheitsabstand. Alle Arbeiten am Pferd soll-ten von dieser Grundposition aus durchgeführt werden.

Der Standort auf der linken Seite (vom Pferd aus gesehen) bietet Rechtshändern den bestmöglichen Spielraum mit der bevorzugten rechten Hand. Pferde sind es daher gewöhnt, dass Menschen zur Pfer-depflege und zum Anlegen der Ausrüstung zunächst von links an sie herantreten. Der Umgang von rechts sollte aber auch geübt werden; auf jeden Fall muss sich ein Pferd von beiden Seiten führen lassen.

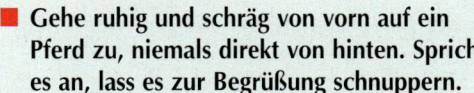

Wichtig zu wissen

- Gehe ruhig und schräg von vorn auf ein Pferd zu, niemals direkt von hinten. Sprich es an, lass es zur Begrüßung schnuppern.
- Behalte das Pferd stets im Auge und beobachte sein Ohrenspiel.
- Füttere ein Pferd aus der Hand nur mit Einverständnis des Besitzers. Achte beim Füttern auf eine flache Hand mit angelegtem Daumen.
- Sprich mit ruhiger und tiefer Stimme. Bemühe dich um aufrechte, sichere Körperhaltung.
- Wähle als sicheren Ausgangspunkt den Platz neben der linken Pferdeschulter.
- Beginne alle Arbeiten am Pferd auf der linken Seite.

Gute Erziehung

Jedes gut erzogene Pferd hat schon im Fohlenalter gelernt, die Forderungen des Menschen zu respektieren und keine Machtkämpfe anzuzetteln. Fehlende Erziehung im Fohlenalter lässt sich beim ausgewachsenen Pferd nicht nachholen.

Bei Hengsten ist der Instinkt, die Rangordnung gegenüber Menschen immer wieder auszufechten, besonders stark. Daher sollten sich nur erfahrene Pferdeleute den Umgang mit Hengsten zutrauen.

Gelegentlich probieren aber auch andere Pferde – meist jüngere Wallache – ihre Stärke gegenüber dem Menschen aus. Das beginnt in den meisten Fällen nicht als spektakulärer Widerstand, sondern als kleine Frechheit.

Die Erziehung ist auch beim ausgewachsenen Pferd nicht abgeschlossen. Das gegenseitige Vertrauen braucht Pflege; genauso wichtig aber ist es, Respekt und Gehorsam eines Pferdes immer wieder einzufordern. Die meisten Probleme im Umgang werden nicht von frechen Pferden, sondern von inkonsequenten Menschen verursacht.

5

Mangelnder Respekt im Überblick

- **Unterlaufen der persönlichen Distanz des Menschen:**
  Pferde scheuern oder stoßen mit dem Kopf, drängeln oder drücken an die Wand.
- **Ignorieren von Kommandos und Handzeichen:**
  Pferde zerren beim Führen in die andere Richtung, lassen sich nicht durch Handzeichen regulieren, treten auf Kommando nicht zur Seite.
- **Demonstrative Unruhe:**
  Pferde bleiben nicht stehen, zappeln oder trampeln.
- **Sichtbare Aggression:**
  Pferde lassen sich nicht vom Knabbern und Schnappen abhalten, zeigen beim Putzen oder Satteln deutliche Drohgebärden.

Safety first

Lass dich nie auf einen reinen Kräftevergleich mit einem Pferd ein – es wird immer Sieger bleiben.

Wer seinem Pferd kleinere Ungezogenheiten durchgehen lässt, braucht sich nicht zu wundern, wenn es beim nächsten Mal versucht, noch ein Stückchen weiterzugehen. Wir Menschen sind Pferden rein kräftemäßig immer unterlegen; unsere Überlegenheit beruht auf Wissen, Erfahrung, vorausschauender Fantasie und Selbstbewusstsein. Aber nur mit genügend Selbstbeherrschung, Geduld und Konsequenz kann es gelingen, in den Augen des Pferdes stets ranghöher zu bleiben.

Die angelegten Ohren und die drohende Körperhaltung sind eine Kampfansage des Pferdes.

Gewöhnung und Rituale

Pferde sind ausgeprägte Gewohnheitstiere, die sich schnell an feste, immer wiederkehrende Abläufe gewöhnen und geduldig alle bekannten Abläufe wie Anbinden, Putzen und Satteln akzeptieren. Auf alle Neuerungen reagieren sie dagegen mit instinktivem Misstrauen. Wer ein Pferd mit einer unbekannten Situation konfrontiert, sollte stets sehr vorsichtig sein.

Verknüpft ein Pferd erst einmal unangenehme Erinnerungen mit einer bestimmten Situation, dann musst du mit Angst und Gegenwehr rechnen, wenn du das Pferd wieder mit derselben Situation konfrontierst. Verknüpft das Pferd dagegen angenehme, zumindest neutrale Erinnerungen an eine Situation, legen sich möglicherweise aufgetretene Anfangsprobleme ganz von selbst.

Gewöhnung gibt Pferden Sicherheit. Daher ist es wichtig, dass der Umgang mit dem Pferd, soweit es geht, in festen, gewohnten Bahnen verläuft. Alle Handgriffe, alle Abläufe beim täglichen Versorgen und Pflegen eines Pferdes sollten möglichst in der gleichen Reihenfolge und in der gleichen Weise gehandhabt werden. Nur ein Pferd, das sich sicher fühlt, ist lernbereit und aufnahmefähig für neue Anforderungen. Ein nervöses, verängstigtes Pferd lässt sich am schnellsten in vertrauter Umgebung und mit gewohnten Anforderungen beruhigen.

Vertrauen, Lob und Strafe

Mit Beruhigung, Gewöhnung und Lob lässt sich am einfachsten erreichen, dass Pferde sich unseren Wünschen anpassen. Ein Tadel in der Stimme reicht bei vielen Pferden schon aus, um unerwünschtes Verhalten zu verhindern. Nur, wenn das nicht genügt, sind zusätzlich etwa ein einmaliger scharfer Ruck am Halfter oder ein Klaps mit der Hand angebracht. Wie stark Pferde darauf reagieren, ist allerdings sehr unterschiedlich.

Strafen sind Pferden gegenüber mit äußerster Vorsicht anzuwenden. Zum einen können Pferde eine Strafe nur dann zuordnen, wenn sie in direktem zeitlichen Zusammenhang mit dem unerwünschten Verhalten angewendet wird. Spätere Strafen erscheinen dem Pferd als reiner Willkürakt und gefährden die Vertrauensbasis zwischen Mensch und Pferd. Zum anderen muss eine Strafe so ausfallen, dass sie ein Pferd nicht verängstigt. Wer etwa ein ängstliches Pferd straft, muss damit rechnen, dass es beim nächsten Mal in einer ähnlichen Situation zusätzlich noch Angst vor Strafe hat.

Das Pferd als ängstliches Fluchttier braucht Zeit, Sicherheit und Wohlbefinden, um Vertrauen zum Menschen zu finden. Dieses Vertrauen
kann nur langsam aufgebaut, aber schnell zerstört werden.

Gegenseitiges Vertrauen ist das höchste Ziel im Umgang zwischen Mensch und Pferd.

Regelmäßiger Umgang mit unproblematischen, gut erzogenen Pferden kann schnell zu Unaufmerksamkeit und Sorglosigkeit im Umgang
verleiten. Dennoch darf nicht vergessen werden, dass auch das
bravste Pferd ein instinktgeleitetes Wesen ist. Der eigene Antrieb,
unangenehme Situationen zu vermeiden oder vor ihnen zu fliehen,
gehört zu den stärksten Instinkten. Selbst die ruhigsten Pferde können
unvorhersehbare und unkontrollierbare Schreckreaktionen zeigen.
Ein hoher Anteil der Unfälle im Reitsport ereignet sich beim Umgang
mit dem Pferd. Die Ursachen sind neben unglücklichen Zufällen und
der Reaktionsschnelligkeit der Pferde fast immer auch
fachliche Fehler oder purer Leichtsinn. Der wirksamste Schutz vor Unfällen besteht darin, die Sicherheits-
regeln für den Umgang mit dem Pferd konsequent einzuhalten.

Safety first
**Behalte das Pferd, in dessen
Nähe du dich aufhältst,
immer im Auge. Rechne mit
unvorhergesehenen Reak-
tionen.**

5

Wichtig zu wissen

- Tritt dem Pferd gegenüber als ranghöheres Lebewesen auf.
- Sei stets konsequent in deinen Forderungen an das Pferd.
- Begegne möglichen Schwierigkeiten mit Geduld und Selbstbeherrschung.
- Gewöhne dir an, regelmäßige Handgriffe am Pferd (wie Führen, Putzen und Anbinden) stets auf die gleiche Weise auszuführen.
- Rechne in allen neuen, unbekannten Situationen mit einer Angstreaktion des Pferdes.
- Stelle durch Ruhe, Lob und gleichmäßige Behandlung eine Vertrauensbasis her.
- Behalte das Pferd dennoch stets im Auge – Angst- und Fluchtreaktionen können immer und überall auch durch Kleinigkeiten ausgelöst werden.
- Strafe das Pferd nur in unmittelbarem Zusammenhang mit einer unerwünschten Reaktion – niemals später und niemals unbeherrscht.
- Strafe kein Pferd wegen seiner Angst – du kannst seine Angst damit nur vergrößern.
- Halte die Regeln für den sicheren Umgang mit dem Pferd konsequent ein.

Tipps für die Prüfung

✓ **Gewöhne** dir sicherheitsbewusstes Verhalten beim Umgang mit dem Pferd an. Versuche, so weit wie möglich eine feste Routine einzuhalten.

✓ **Nimm**, immer wenn es aus praktischen Gründen möglich ist, den sicheren Standort neben der linken Pferdeschulter ein.

✓ **Sei aufmerksam**, lass sich nicht von anderen ablenken und übe dich darin, das Pferd stets im Blick zu behalten. Rechne mit einer jederzeit möglichen Schreckreaktion des Pferdes.

✓ **Achte** besonders auf den nötigen Sicherheitsabstand zwischen zwei Pferden.

Führen und Anbinden

*In einer Reit-, Fahr- und Voltigierschule bietet der leitende Aus-
bilder für alle Mitglieder einen Kurs im Umgang mit dem Pferd
an. Zur Überraschung der Kursteilnehmer widmet der Ausbilder
einen großen Teil der Zeit scheinbar selbstverständlichen Themen
wie dem Führen, Anbinden und Longieren von Pferden. In der
Praxis zeigt sich allerdings rasch, dass nicht nur Neulinge, sondern auch erfahrene Pferdesportler die Regeln für den sicheren
Umgang mit dem Pferd nicht sicher genug beherrschen.*
*Ein hoher Prozentsatz der Unfälle im Reitsport ereignet sich beim
Umgang mit dem Pferd. Auch bei alltäglichen Handgriffen wie
dem Führen oder Anbinden muss immer mit plötzlich auftreten-
den, heftigen Schreckreaktionen der Pferde gerechnet werden.
Fachgerechte Handgriffe können in solchen Fällen schwer wie-
gende Unfälle vermeiden.*

Zwei Beine neben vier Beinen

Pferde werden mit größter Selbstverständlichkeit regelmäßig geführt:
vom Stall zum Putzplatz, auf die Weide oder in die Reithalle. Dabei
gerät leicht in Vergessenheit, dass Pferde im Ziehkampf Mensch gegen
Pferd in jedem Fall gewinnen. Wenn ein Pferd nicht geführt werden
will, hat der Pferdeführer im reinen Kräftevergleich gegen das Pferd
keine Chance, sich durchzusetzen – nicht einmal gegenüber einem
kleineren Pony. Das Eigengewicht der Pferde (selbst ein Shetlandpony
bringt im Durchschnitt über 200 kg auf die Waage), die Krafthebel
(bedingt durch die Winkelung der starken Gelenke in der Hinterhand)
und die gegenüber uns Menschen kürzere Reaktionszeit bedingen
ihre körperliche Überlegenheit.

Ausschlaggebend dafür, dass Pferde trotzdem sicher geführt werden
können, ist eine gute Erziehung. Sie muss bereits im Fohlenalter
beginnen, damit ein junges Pferd gar nicht erst lernt, seine Kräfte
gegen Menschen einzusetzen. Auf der Basis von Vertrauen und
Gewohnheit lernen Pferde, sich von unten leiten zu lassen. Konflikte
können auftreten, wenn das Instinktverhalten der Pferde zum Aus-
bruch kommt: das Scheuen, die Reaktion auf Artgenossen oder das
Abreagieren angestauter Bewegungsenergie.

Mit Strick und Halfter

In alltäglichen Situationen werden Pferde mit Strick und Halfter geführt. Es gibt unterschiedliche Ausführungen von Halftern, die entweder am Genickstück oder am Kehlriemen geschlossen werden.

Zum Aufhalftern stellst du dich links neben das Pferd, fasst mit der rechten Hand unter dem Hals des Pferdes durch und legst die rechte Hand auf den Nasenrücken. Dann kannst du das Halfter von der linken in die rechte Hand übergeben und von unten nach oben über den Pferdekopf streifen.

> ### Safety first
> **Führe ein Pferd nie mit blankem Halfter ohne Führstrick. Eine heftige Kopfbewegung reicht ihm aus, um sich loszureißen.**

Beim Aufhalftern fasst die rechte Hand unter dem Pferdehals durch vor den Nasenrücken.

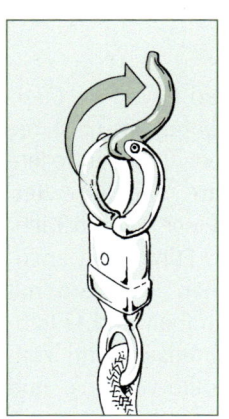

Ein Panikhaken lässt sich öffnen, selbst wenn ein Pferd mit Gewalt dagegen zieht.

Halfter werden entweder am Kehlriemen oder am Genickstück geöffnet/geschlossen.

Führen mit Strick und Halfter

Der Führstrick wird im mittleren Ring unten am Halfter befestigt. Soll das Pferd angebunden werden, dann empfiehlt sich die Verwendung eines Anbindestricks mit einem so genannten Panikhaken. Dieser Haken lässt sich auch dann noch öffnen, wenn ein Pferd (in Angst oder Panik) mit aller Kraft dagegen zieht. Der Nachteil eines Panikhakens besteht darin, dass er sich beim versehentlichen Anfassen oder bei einem Ungehorsam des Pferdes leicht von selbst öffnet. Daher empfiehlt sich für das sichere Führen eines Pferdes außerhalb der Stallanlage ein Führstrick mit Karabinerhaken. Für Übungen beim Führen – sogenannte Bodenarbeit – kann

Zur sicheren Ausrüstung beim Führen gehören feste Schuhe und Handschuhe, eine Gerte in der linken Hand ist erlaubt.

ein Pferd auch mit Knotenhalfter und einem längeren Leitseil ausgerüstet werden. Gehe zum Führen auf der linken Seite des Pferdes neben oder etwas vor der Pferdeschulter mit. Fasse den Strick dabei mit gebeugtem rechten Arm – Daumen nach oben! – drei bis vier Handbreit unterhalb des Hakens an. Halte das Ende des Führstricks mit in der rechten oder in der linken Hand.

Führen üben

Das wichtigste Mittel, um ein Pferd davon zu überzeugen, dass es sich gehorsam führen lässt, ist die eigene Körpersprache. Eine selbstbewusste, aufrechte Haltung und energisches, bestimmtes Auftreten (wörtlich genommen), veranlassen ein Pferd, sich in Richtung, Schrittlänge und Tempo dem Führenden anzupassen. Auf diese Weise kann man ein Pferd mit leichten Signalen zum Halten, Antraben und Durchparieren, zum Verändern der Schrittlänge und zum Wenden animieren. Das Führen sollte von links und rechts (mit der linken Hand) geübt werden.

Safety first

Wickele dir niemals den Führstrick um die Hand! Wenn das Pferd in Panik zu fliehen versucht, musst du blitzschnell loslassen können, um nicht mitgeschleift zu werden. Das gilt auch beim Führen mit Zügeln oder einer Longe.

Kontrolle beim Führen

Führe genügend vorwärts – die natürliche Schrittlänge der meisten Pferde ist länger als die eines Menschen. Um ein heftiges Pferd zu beruhigen und abzubremsen, ist es wichtig, den Druck oder Zug auf den Pferdekopf jeweils nur kurzfristig zu verstärken. Ein Dauerzug an Strick oder Halfter ist dagegen sinnlos. Bremsend wirkt auch ein leichtes Vorgehen und Anheben der linken Hand vor das linke Pferdeauge. Nimm in diesem Fall das Ende des Stricks geordnet mit in die rechte Hand.

Mehr Kontrolle über das Pferd bietet ein längerer Führstrick (Leitseil) oder eine Longe. Allerdings gilt es zu bedenken, dass gerade bei einer größeren Führdistanz von ungefähr 1½ bis 2 m die Gefahr steigt, von einem ausschlagenden Pferd getroffen zu werden.

Die linke Hand vor dem Kopf wirkt als optische Bremse für übereifrige Pferde.

Führen mit der Führkette

Ist ein Pferd beim Führen nur schwer zu bändigen oder ist aus anderen Gründen mit einer unkontrollierten Reaktion des Pferdes zu rechnen, dann empfiehlt sich eine Ausrüstung mit verschärfter Einwirkung. Ein Pferd, das an der Hand nicht unter Kontrolle ist, stellt eine potenzielle Gefahrenquelle dar. Eine der Möglichkeiten, mehr Kontrolle über das Pferd zu erreichen, ist das Anbringen einer Führkette, die über der Nase mit Druck

Safety first
Beachte die scharfe Einwirkung einer Führkette! Benutze dieses Mittel nur im Notfall, wenn dir keine Trense zur Verfügung steht.

auf den empfindlichen Nasenrücken wirkt. Die Einwirkung der Führkette ist scharf; jedes Ziehen an der Kette sollte vorsichtig dosiert werden. Dauerzug an einer eingeschnallten Führkette fügt dem Pferd Schmerzen zu und provoziert Widerstand.

Die über die Nase verschnallte Führkette bietet eine sichere Kontrolle über das Pferd. Vorsicht – scharfe Wirkung!

Begegnen zweier Pferde

Auch wenn ein Pferd geführt wird, reagiert es auf seine Umwelt, insbesondere seine Artgenossen. Daher muss beim Führen stets ein Sicherheitsabstand eingehalten werden: von anderen Pferden, von Menschen und von möglichen Gefahrenquellen. Öffne jede Tür, so weit es geht und vermeide die Begegnung mit anderen Pferden in engen Durchlässen.

Besonders in der räumlichen Enge der Stallgasse kann der nötige Sicherheitsabstand für jedes Pferd kaum zufriedenstellend respektiert werden. Ranghohe Pferde versuchen unter Umständen, durch kleine Übergriffe auf den Konkur-

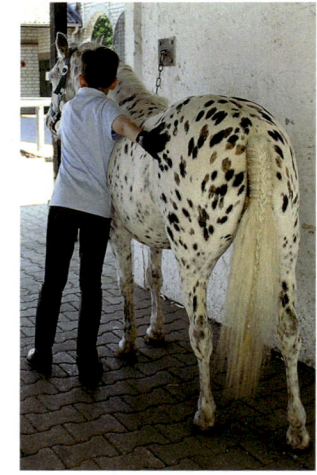

Bleibe vor dem Kopf des Pferdes, damit jede Kontaktaufnahme mit dem Artgenossen unterbleibt.

renten ihre Vormachtstellung zu demonstrieren. Rangniedere Pferde können dabei nicht ausweichen. Daher ist beim Begegnen zweier Pferde in der Stallgasse besondere Vorsicht angebracht.

Auf jeden Fall sollten sich Pferde von vorne mit dem größtmöglichen seitlichen Abstand begegnen. Ein unvorbereitetes Überholen eines Pferdes von hinten ist zu vermeiden. Steht ein Pferd in der Stallgasse angebunden, dann löse die Anbindevorrichtung und lass das Pferd möglichst weit zur Seite treten, bevor ein anderes Pferd vorbeigeführt wird.

> **! Safety first**
> **Lass dein Pferd beim Vorbeiführen keinesfalls an einem Artgenossen schnuppern oder Nasenkontakt suchen. Instinktive Abwehrreaktionen bis hin zum Ausschlagen können die Folge sein.**

Entlassen in Box, Weide, Paddock

> **! Safety first**
> **Lass dein Pferd nicht zur Weide, in den Auslauf oder Stall stürmen; verschärfe notfalls die Kontrollmaßnahmen beim Führen. Löse Strick und Halfter nicht, bevor es Tür oder Tor passiert hat.**

Soll ein Pferd nach dem Führen frei gelassen werden, z.B. in einer Box, in einem Paddock oder auf der Weide, dann ist es wichtig, das Pferd ruhig durch Tür oder Tor zu führen, dann umzudrehen, bis es mit dem Kopf zum Eingang steht und erst danach Strick und Halfter zu lösen. So bleibt der Führende sicher aus der Reichweite der Hinterhufe des Pferdes. Gerade beim Entlassen auf einen Paddock, in eine Weide oder zum Laufenlassen in der Reithalle neigen Pferde dazu, sofort loszuspringen und auszukeilen.

Wenden und Rückwärtsrichten

Wenn genügend Platz vorhanden ist, wende beim Führen immer vom eigenen Körper weg. Beim Führen von links steigt in der Linkswendung die Gefahr, dass das Pferd unbeabsichtigt auf deinen Fuß tritt. Halte das Pferd mit angewinkeltem Arm so weit von dir weg, dass es keinesfalls versuchen kann, deinen Weg zu kreuzen – auch dabei wären deine Füße in Gefahr.

Musst du das Pferd auf sehr engem Raum wenden, dann stell dich dem Pferd gegenüber auf und lege die Hand seitlich an die Schulter. Es sollte auf Handzeichen Schritt für Schritt herumtreten. Bei unkontrollierten Drehbewegungen besteht Verletzungsgefahr für das Pferd.

Da es immer wieder Situationen gibt, in denen Pferde unbedingt rückwärts treten müssen, muss das Rückwärtsrichten an der Hand gründlich geübt werden. Ein Pferd, das nicht willig rückwärts etwa aus einem engen Waschständer, einem Solarium oder einem Pferdehänger tritt, kann schwerwiegende Probleme verursachen. Ein gut erzogenes Pferd tritt rückwärts, wenn sich der Führer gegenüber aufstellt, mit einer Hand leichten Druck auf das Halfter ausübt und mit der anderen das Pferd an der Brust zurückschiebt. Hilfreich ist es – wie generell im Umgang mit dem Pferd – die Berührungsreize mit einem deutlichen Stimmkommando zu unterstützen.

Ein leichter Druck gegen das Buggelenk hilft beim Rückwärtsrichten an der Hand.

Kontrolle beim Führen im Überblick

- **Generell gilt: Beruhigen mit tiefer, ruhiger Stimme**
- **Energischer Ruck am Führstrick mit anschließendem leichten Nachlassen**
- **Kurzzeitiger Griff mit der rechten Hand an den unteren Quersteg des Halfters, dann ebenfalls energischer Ruck mit anschließendem Nachlassen**
- **Leichtes Vorgehen und Anheben der linken Hand vor das linke Pferdeauge**
- **Verwendung einer Führkette (Vorsicht, Wirkung scharf! – Unbedingt richtig einschnallen, wie auf Seite 83 unten abgebildet.)**

Führen auf Trense

In einer Umgebung, die auf das Pferd möglicherweise beunruhigend wirkt – z.B. auf dem Turnierplatz, im Straßenverkehr oder in der Tierklinik – bietet das Führen mit einer Trense von vorneherein mehr Sicherheit. Daher sollte jeder Pferdehalter – selbst wenn er nicht reitet – eine Trense fachgerecht anlegen können. Bei angenommenen Zügeln drückt das Gebiss auf Kinnladen und Zunge und signalisiert dem Pferd deutlich, dass ihm bei Gegenwehr Unannehmlichkeiten drohen. Mit Rücksicht auf das empfindliche Pferdemaul sollte daher jeder unnötige Ruck an den Zügeln unterbleiben.

Zum Führen werden die Zügel über den Pferdehals nach unten genommen. Zwei Finger der rechten Hand fassen hinter den beiden Gebissringen zwischen die Zügel. Die beiden Finger zwischen den Zügeln verhindern, dass die Gebissringe seitlich an das Maul gedrückt werden. Das Zügelende bleibt dabei geordnet in der rechten Hand oder wird in die linke Hand genommen.

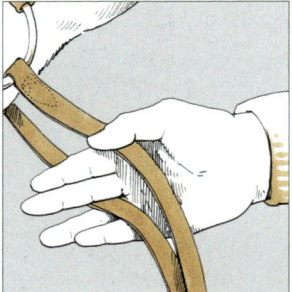

Zwei Finger zwischen den Zügeln verringern den seitlichen Druck auf das Gebiss.

Safety first

Binde ein Pferd niemals an den Zügeln oder an einer eingeschnallten Führkette an. Wenn es erschrickt oder auszuweichen versucht, kann es sich selbst erhebliche Verletzungen zufügen.

Beim Führen auf Trense werden beide Zügel angefasst.

Beim Halten stellt man sich dem Pferd gegenüber auf.

Vorführen

Damit ein Pferd dem Tierarzt, Schmied oder Richter richtig vorgestellt werden kann, muss es sich im Schritt und Trab auf gerader Linie flüssig und gehorsam vorwärts bewegen. Zweckmäßig ist es, dabei eine Trense anzulegen. Führen im Trab erfordert einige Übung! Soll das Pferd dabei hin- und hergeführt werden, dann pariere vor jedem Richtungswechsel durch und wende im Schritt nach rechts.

Willst du ein Pferd im Stehen halten, so stellst du dich ihm gegenüber. Ist das Pferd dabei auf Trense gezäumt, dann fasst die linke Hand den gegenüberliegenden rechten Trensenzügel, die rechte Hand den gegenüberliegenden linken Trensenzügel. Das zusammengelegte Zügelende liegt mit in der rechten Hand. Ein Pferd steht ruhig und geschlossen, wenn es alle vier Beine gleichmäßig belastet. Das vordere und hintere Beinpaar stehen dabei parallel nebeneinander, im Gegensatz zur offenen Aufstellung (siehe Foto auf Seite 89).

Bodenarbeit

Der Begriff Bodenarbeit umfasst alle Übungen, die ein Pferd für einen sicheren Umgang vom Boden aus beherrschen muss.
Das Pferd soll Vertrauen zum Menschen fassen und die Signale wie z.B. die treibenden und verhaltenden Hilfen des Führenden verstehen lernen. Nur dann können die gestellten Aufgaben stressfrei und gelassen absolviert werden.

Wenn die Grundlagen im Umgang mit dem Pferd, wie Aufhalftern, Auftrensen, Führen und Anbinden bei Reiter und Pferd sicher klappen, können weitere Aufgaben erarbeitet werden, um das Pferd mit seiner Umwelt besser vertraut zu machen:

- Führen im Schritt und Trab von Punkt zu Punkt
- Führen von beiden Seiten, Rückwärtstreten-Lassen
- Seitliches Verschieben des Pferdes
- Führen von Hufschlagfiguren
- Führen über oder durch Hindernisse aus einem Geschicklichkeitsparcours
- Gewöhnung an Umweltreize (Desensibilisierung): Führen über Planen, durch Wasser, Übungen mit Regenschirmen, rollenden Bällen, plötzlichen Geräuschen, Gewöhnung an Verkehr

Ein Pferd, dass an der Hand gelernt hat, dem Menschen mit Vertrauen zu folgen und schwierige Situationen zu bewältigen, wird auch unter dem Reiter vertrauensvoller reagieren.

Dabei sollte der Mensch durch eine positive, entspannte Körpersprache dem Pferd Vertrauen vermitteln und auf nervöse und ängstliche Reaktionen des Pferdes gelassen, aber bestimmt einwirken.

So lernt ein Pferd, ein unbekanntes Objekt zu betreten – später wird es vertrauensvoll auf die Rampe eines Pferdehängers steigen.

Vormustern

Beim Vormustern oder für Fotoaufnahmen von der Seite ist die offene Aufstellung üblich: Das dem seitlichen Betrachter zugewandte Beinpaar (z.B. das linke Vorderbein und das linke Hinterbein) werden nach vorne genommen bzw. zurückgestellt. So sind alle vier Gliedmaßen des Pferdes gleichmäßig sichtbar.

Die offene Beinaufstellung ist beim Vormustern oder Fotografieren eines Pferdes üblich.

Vormustern auf der Dreiecksbahn

Bei offiziellen Anlässen, zum Beispiel auf Turnieren, Zuchtschauen oder Körungen, ist das Vormustern der Pferde auf der Dreiecksbahn üblich. Zur Beurteilung im Stand wird das Pferd mit der linken Breitseite zum Betrachter aufgestellt. Die Beinstellung soll zu dieser Seite hin offen und alle vier Beine des Pferdes sollen gleichmäßig belastet sein. Nach einer Drehung nach rechts beginnt das Vormustern auf einer abgesteckten Dreiecksbahn. Zunächst wird im Schritt geführt, nach dem Wenden auf die Längsseite des Dreiecks angetrabt und vor der Ecke wieder durchpariert zum Schritt. Abschließend wird das Pferd wie zu Beginn der Besichtigung im Stand in offener Stellung vorgestellt, allerdings in umgekehrter Richtung mit der rechten Breitseite zum Betrachter. Beim Führen auf der Dreiecksbahn wird vorschriftsmäßig ausschließlich nach rechts gewendet.

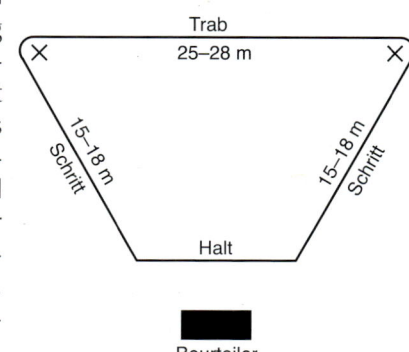

Anbinden

Dass Pferde tagein, tagaus ruhig an unterschiedlichsten Plätzen angebunden stehen, lässt leicht in Vergessenheit geraten, was das Festgebundensein für ein Fluchttier bedeuten kann. Für ein Pferd, das aus Instinkt flüchten möchte, folgt auf den ersten Schreck der zweite, weitaus größere, wenn es bemerkt, dass es nicht flüchten kann. Eine möglicherweise entstehende Panik bei einem angebundenen Pferd bringt Tier und Mensch in eine sehr gefährliche Situation. Unzerreißbare Halfter und Stricke, deren Haken sich nicht öffnen lassen, steigern die Unfallgefahr. Es ist daher stets sicherer, in einer gefahrenträchtigen Situation die Anbindevorrichtung zu lösen und das Pferd am Strick zu halten. Ein Pferd muss spüren, dass es notfalls ein paar Schritte ausweichen kann, um den nötigen Sicherheitsabstand zwischen sich und die empfundene Gefahr zu legen. Das reicht meist schon aus, um seinem Sicherheitsbedürfnis Rechnung zu tragen.

Anbindeknoten

Für das sichere Anbinden von Pferden gibt es unterschiedliche Knoten. Sie haben gemeinsam, dass sie sich nicht festziehen, auch wenn ein Pferd einmal gewaltsam am Strick zerrt. Außerdem können sie jeweils mit einer Hand blitzschnell geöffnet werden.

Anbindeplatz

Fluchttiere, die fast rundum sehen können (siehe Seite 17), stehen nicht gern vor einer Wand. Pferde gewöhnen sich zwar daran, fühlen sich aber an einem Anbindebalken in Brusthöhe wohler, der ihnen freie Sicht erlaubt. In der Stallgasse ist es auch üblich, Pferde gleichzeitig von rechts und links anzubinden. Diese die Bewegung des Kopfes einschränkende Anbindeform ist allerdings für junge Pferde zunächst gewöhnungsbedürftig. Die Länge des Anbindestricks soll das Pferd sicher auf seinem Platz halten, ihm aber gleichzeitig die Sicherheit seiner Sinneswahrnehmung – in erster Linie Rundumsicht – bieten. Wie lang oder kurz ein Pferd richtig angebunden ist, hängt vom individuellen Einzelfall ab. Ein sehr kurzer Anbindestrick wird vielleicht von einem ruhigen, phlegmatischen Pferd geduldet, während ein unruhiges, nervöses Pferd sich dadurch bedrängt fühlt. Ein ungefähres Mittelmaß der Anbindelänge sind 60 – 80 cm.

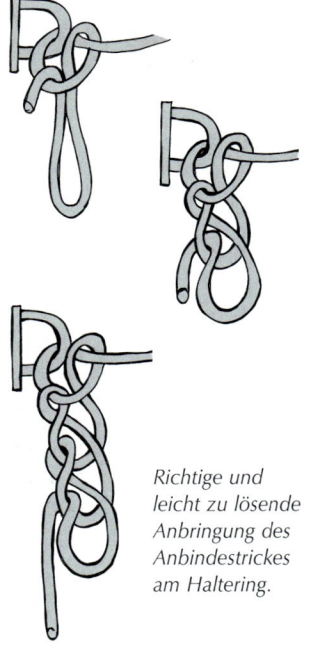

Bei der Wahl des geeigneten Anbindeplatzes ist zu beachten, dass ein Pferd auch angebunden noch einen großen Bewegungsradius hat. In dieser Reichweite dürfen keine hervorstehenden scharfen Kanten, bewegliche Teile, Nägel oder Ähnliches vorhanden sein, und es darf nichts herunterfallen können. Auch ein Blick auf den Boden ist angebracht. Putzkästen, Putzzeug oder gar Geräte für den Stalldienst wie Mistgabeln dürfen nicht in der Reichweite der Pferdehufe herumstehen oder -liegen.

Richtige und leicht zu lösende Anbringung des Anbindestrickes am Haltering.

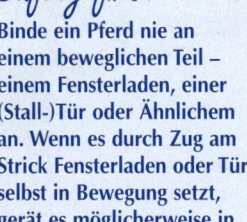

Safety first

Binde ein Pferd nie an einem beweglichen Teil – einem Fensterladen, einer (Stall-)Tür oder Ähnlichem an. Wenn es durch Zug am Strick Fensterladen oder Tür selbst in Bewegung setzt, gerät es möglicherweise in Panik.

Wichtig zu wissen

- **Wähle einen pferdegerechten, sicheren Anbindeplatz frei von möglichen Gefahrenquellen für das Pferd.**
- **Binde mit einem vorschriftsmäßigem Anbindeknoten an, der sich mit einer Hand wieder lösen lässt.**
- **Achte auf die richtige Anbindehöhe und die passende Länge des Strickes.**

Fehler beim Anbinden im Überblick

Zu lang angebunden	Das Pferd verfängt sich mit den Vorderbeinen im Anbindestrick oder gerät mit dem Kopf unter den Strick.
Zu kurz angebunden	Das Pferd versucht sich loszureißen.
Zu hoch angebunden	Das Pferd kann mit dem Genick unter den Strick und in Panik geraten. Außerdem kann es nicht mit entspannter Halsmuskulatur stehen.
Zu tief angebunden	Das Pferd kann nicht mit entspanntem Hals stehen und kann über den Strick treten.
Am falschen Platz angebunden	Das Pferd kann sich selbst und den Menschen verletzen.

Viermal falsch angebunden:
Zu kurz, zu hoch, zu lang
und zu tief.

Tipps für die Prüfung

 Übe das korrekte Führen mit Strick und Halfter mit der richtigen Handhaltung.

 Führe von beiden Seiten. Übe, das Pferd an einem vorgegebenen Punkt anhalten, antraben und durchparieren zu lassen.

 Wende vom eigenen Körper weg und achte auf sicherheitsbewusstes Vorbeiführen an anderen Pferden.

 Nutze jede sich bietende Gelegenheit für systematische Übungen aus der Bodenarbeit.

 Übe den korrekten Anbindeknoten.

 Schule deinen Blick für die richtige Länge des Stricks beim Anbinden.

 Führe das Pferd an der Trense. Stell dich beim Halten dem Pferd gegenüber, teile die Zügel vorschriftsmäßig und versuche, das Pferd möglichst still stehen zu lassen.

 Übe, das Pferd unterschiedlich aufzustellen: gerade und geschlossen (mit den Vorder- und Hinterfüßen nebeneinander) oder zum Betrachter hin offen.

 Trainiere das Vorführen im Trab, geradeaus und auf einer Dreiecksbahn.

Verladen und Transportieren

Ein älteres Pferd, das schon lange nicht mehr verladen worden war, sollte auf eine Rentnerkoppel gebracht werden. Nachdem das Pferd einmal mit den Vorderhufen den Innenraum des Anhängers betreten hatte, sprang es rückwärts wieder von der Rampe und ließ sich auf keine Weise dazu bewegen, auch nur einen Fuß wieder auf die Rampe zu setzen. Schließlich schaffte ein kleines Pony mehr als alle Helfer: Hinter dem Stallgefährten her marschierte das alte Pferd völlig selbstverständlich in den Anhänger hinein. Wieder einmal zeigte sich, dass ein Führpferd in einer Angst auslösenden Situation einem Pferd mehr Sicherheit vermittelt als jeder Mensch.

Verladen

Das Verladen und Transportieren von Pferden in speziellen Anhängern oder Transportern ist aus dem Alltag der Pferdehaltung nicht mehr wegzudenken. Für die Fahrt von einem Stall zum anderen, zur Fohlenschau, auf den Turnierplatz, an den Ferienort oder im Notfall in die Tierklinik gibt es meist keine Alternative zum Transport im geschlossenen Fahrzeug. Der Pferdepass muss bei jedem Transport eines Pferdes mitgeführt werden.

Dabei sollte nie in Vergessenheit geraten, dass die Fahrt im Hänger oder Transporter für Fluchttiere eine Stress-Situation darstellt. Das Verladen selbst kann zum unüberwindlichen Hindernis werden. Noch schlimmer, weil für alle Beteiligten gefährlich, ist eine Panik des Pferdes während der Fahrt. Weitere Gefahrenquellen bieten mangelnde technische Sicherheit von Zugfahrzeug und Anhänger bzw. unangepasstes, zu schnelles Fahren, auch in den Kurven. In jedem Fall muss sichergestellt sein, dass der beladene Anhänger die zulässige Anhängelast des Zugfahrzeugs nicht überschreitet. Nähere Einzelheiten dazu lassen sich beim Fahrzeughersteller erfragen. Für besonders starke Zugfahrzeuge können Sondergenehmigungen für die Steigerung der zulässigen Höchstgeschwindigkeit von 80 auf 100 km beantragt werden.

Das Transportieren oder Mitfahren von Personen im Pferde-Anhänger ist untersagt.

> **Safety first**
> Wer allein ein Pferd transportiert, kann bei einer Panne oder einem Unfall in eine schwierige Situation geraten. Sicherer ist es, in Begleitung einer anderen Person – möglichst mit Pferdeerfahrung – unterwegs zu sein.

Sicherheit für den Pferdehänger

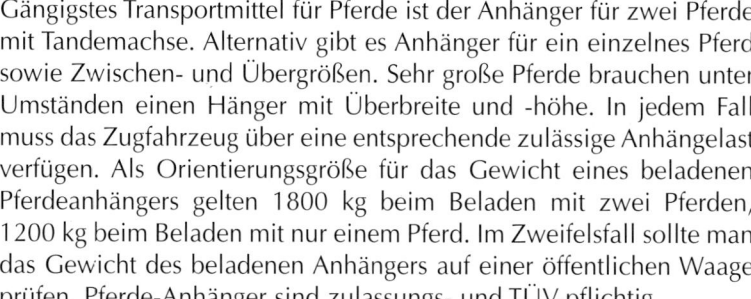

Gängigstes Transportmittel für Pferde ist der Anhänger für zwei Pferde mit Tandemachse. Alternativ gibt es Anhänger für ein einzelnes Pferd sowie Zwischen- und Übergrößen. Sehr große Pferde brauchen unter Umständen einen Hänger mit Überbreite und -höhe. In jedem Fall muss das Zugfahrzeug über eine entsprechende zulässige Anhängelast verfügen. Als Orientierungsgröße für das Gewicht eines beladenen Pferdeanhängers gelten 1800 kg beim Beladen mit zwei Pferden, 1200 kg beim Beladen mit nur einem Pferd. Im Zweifelsfall sollte man das Gewicht des beladenen Anhängers auf einer öffentlichen Waage prüfen. Pferde-Anhänger sind zulassungs- und TÜV-pflichtig.

Zur sicheren Ausstattung gehört ein rutschfester Belag im Inneren und auf der Rampe. Eine hydraulische Hebevorrichtung erleichtert das Öffnen und Schließen der Rampe. Die eventuelle Verletzungsgefahr im Hänger mindern gepolsterte Seitenwände und Befestigungsstangen. Für das Verladen und mögliche Probleme unterwegs muss die Trennwand mit wenigen Handgriffen aus der Verankerung gelöst und quergestellt werden können. Sinnvoll ist zusätzlich eine Unterbringungsmöglichkeit für Sättel und weiteres Zubehör.

Denke beim Verladen an:

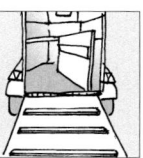

| Rutschfester Boden | Verstellbare Trennwand | Heunetz | Sicherheitssplint | Bremskeil |

Vor der Fahrt

Beim Anhängen ist zu beachten, dass der Anhänger über ein Sicherungs-Bremsseil mit der Anhängerkupplung des Zugfahrzeugs verbunden sein muss. Löst sich aus irgendeinem Grund der Anhänger vom Fahrzeug, wird auf diese Weise die Feststellbremse mechanisch angezogen. Der Hänger kann nicht mehr rollen. Vor dem Anfahren muss die Feststellbremse gelöst werden, sonst blockieren die Räder des Anhängers.

Ein kritischer Blick auf Hängerboden und -wände sollte vor allem bei älteren Hängern zur Routine gehören. Schließlich empfiehlt es sich auch, in regelmäßigen Abständen das Reifenprofil und den Luftdruck zu überprüfen.

Soll der Hänger unterwegs abgestellt werden, dann muss er vor dem Wegrollen gesichert werden. Zusätzlich zur Festestellbremse empfiehlt es sich, einen Bremsklotz unterzulegen und den Hänger gegen Diebstahl zu sichern.

Sicherheitsprüfung im Überblick

- Hat der Hänger eine gültige TÜV-Plakette?
- Ist der Kopf der Anhängerkupplung richtig eingerastet?
- Ist das Stützrad hochgedreht und befestigt?
- Ist der Hänger durch ein Sicherheits-Bremsseil mit dem Auto verbunden?
- Funktionieren Blinker, Bremslichter und Beleuchtung an Fahrzeug und Hänger?
- Entspricht der Reifendruck des Anhängers und des Zugfahrzeugs den Herstellervorgaben für die Fahrt mit extremer Belastung?
- Hat der Hänger ein funktionstüchtiges, aufgepumptes Reserverad?
- Kann mit dem Autowerkzeug auch ein Hängerreifen gewechselt werden? – Notfalls passenden Kreuzschlüssel mitnehmen.
- Ist der Bodenbelag auf der Rampe und im Innern des Hängers rutschfest?
- Sind Sicherheitshaken und -splinte zur Sicherung aller zu betätigenden Verschlüsse vorhanden?
- Verfügt das Zugfahrzeug über den vorgeschriebenen zweiten Außenspiegel?

Fahrtechnik

Fahren mit dem Pferdehänger erfordert sichere Fahrpraxis und umsichtige Verkehrsteilnahme. Viele Zwei-Pferde-Anhänger sind breiter als das entsprechende Zugfahrzeug – darauf muss der Fahrer besondere Rücksicht nehmen. Ein regelmäßiger Kontrollblick in den rechten Außenspiegel ist dafür unerlässlich.

Alle abrupten Fahrmanöver können die Balance der Pferde gefährden; besonders gefährlich sind Vollbremsungen. Gefragt ist defensives, vorausschauendes Fahren. Vor jeder Kurve sollte behutsam abgebremst, die Kurve langsam durchfahren und erst wieder Gas gegeben werden, wenn der Hänger geradeaus rollt.

Besonders ungewohnt ist das Rückwärtsfahren. Es empfiehlt sich, das rückwärtige Einparken eines Anhängers ohne Pferde gründlich zu üben.

Pferde vorbereiten

Beim Transport, insbesondere beim Ein- und Ausladen, besteht erhöhte Verletzungsgefahr für Pferde. Daher ist es sinnvoll, die Pferdebeine so weit wie möglich vor äußeren Verletzungen zu schützen. Im Fachhandel werden spezielle Transportgamaschen angeboten. Alternativ können auch Bandagen mit Polstern angelegt werden. Bei beschlagenen Pferden schützen Hufglocken vor Verletzungen des Kronenrandes. Außerdem wird die Gefahr vermindert, dass ein Pferd sich selbst ein Eisen abtritt.

Bei kühler Witterung und als Schutz vor Zugluft sollten Pferde auf dem Hänger oder Transporter eingedeckt werden. Manche Pferde versuchen, sich während der Fahrt mit dem Schweif abzustützen, insbesondere, wenn sie quer zur Fahrtrichtung (etwa in einem Transporter) stehen. Um eine Verletzungsgefahr für die Schweifrübe und den möglichen Verlust von Schweifhaaren zu vermeiden, kann ein Schweifschoner angelegt werden. Man kann auch den oberen Teil der Schweifrübe mit einer Bandage schützen.

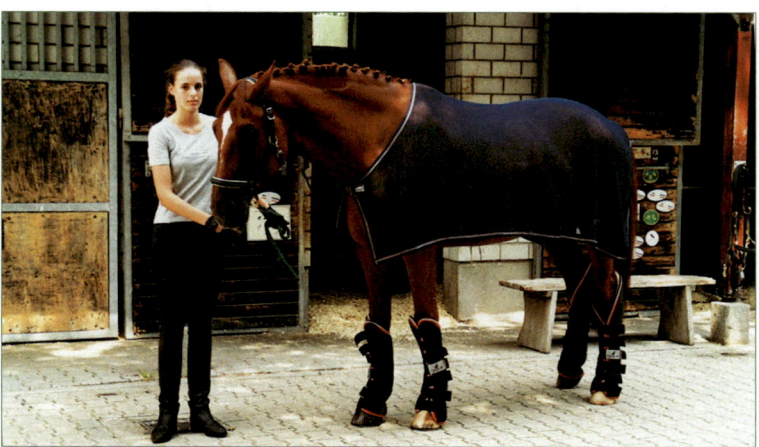

Reisefertig mit Transportgamaschen und Decke

Verladen – wo und wie?

Manche Pferde marschieren mit größter Selbstverständlichkeit in das wacklige Gefährt. Pferde, die mit dem Verladen keine schlechten Erfahrungen gemacht haben, entwickeln keine Abneigung dagegen. Übung macht auch hier den Meister: Gehört Verladen zur gewohnten Routine, gehen Pferde sogar selbstständig – ohne geführt zu werden – an ihren Platz.

In der Regel werden Pferde auf den Hänger geführt. Beim Verladen nur eines Pferdes im Zwei-Pferde-Hänger empfiehlt es sich für den Führenden, im leeren Abteil neben dem Pferd herzugehen.

Zum Verladen mit Pferden, die möglicherweise Probleme machen, sollten immer mehrere erfahrene Helfer vorhanden sein. Für das Verladen von unerfahrenen Pferden sind mindestens drei Personen nötig – mit innerer Ruhe, Geduld, Sachverstand und bekleidet mit festen Schuhen. Grundsätzlich gilt: Pferde dürfen nicht für ihre Angst vor dem Anhänger gestraft werden, aber sie müssen gehorsam bleiben und den Menschen als ranghöhere Person akzeptieren. Wenig hilfreich ist es, das Verladen stundenlang zu üben – Pferde trainieren dabei auch ihren Widerstand. Die beste Vorübung auf das Verladen ist eine gründliche Erziehung des Pferdes an der Hand, die so genannte Bodenarbeit.

> *Safety first*
> **Beim Verladen immer Handschuhe tragen! Bei Fluchtversuchen eines Pferdes, die in dieser Stress-Situation öfters vorkommen, ziehen Pferde ihrem Führer mit Vorliebe den Führstrick durch die Finger.**

Den Anhänger vorbereiten

Zur taktisch geschickten Vorbereitung gehört es, wenn möglich, den Hänger mit einer Seite dicht abschließend an einer Mauer oder Wand zu parken – dann ist eine Seite als Ausweichmöglichkeit ausgeschlossen. Bei geöffneter Rampe sollten die Beschläge zum Schließen nicht seitlich vorstehen (Verletzungsgefahr). Im Hänger selbst sollte es hell sein: entweder durch Öffnen der vorderen Ausstiegsklappe oder Einschalten der Innenbeleuchtung. Stroh oder Späne auf dem Hängerboden signalisieren dem Pferd eine vertraute Umgebung. Für längere Fahrten kann ein frisch gefülltes Heunetz mitgeführt werden. Dem Pferd sollte dann aber zwischendurch Wasser angeboten werden.

> *Safety first*
> **Aus einem zu hoch aufgehängten Heunetz können den Pferden Fremdkörper in die Augen fallen, in einem zu tief aufgehängten Heunetz können sie sich mit den Hufen verfangen.**

Führpferd

Zur Vermeidung möglicher Konflikte hilft am besten eine andere, einfache und pferdegerechte Strategie: ein sicheres Führpferd. Fast alle Pferde lassen sich verladen, wenn ein Pferd vorangeht. Für das Üben des Verladens mit jungen Pferden empfiehlt es sich immer, von vorneherein mit einem Führ- und Begleitpferd zu arbeiten. Natürlich lässt sich diese Methode nur in einem Zwei-Pferde-Anhänger anwenden.

Hinter einem sicheren Führpferd her erlernen Pferde das Verladen meist problemlos.

Probleme vorhersehen und vermeiden

Wird ein Pferd allein oder als erstes verladen, kann es hilfreich sein, die Trennwand eines Zwei-Pferde-Anhängers aus ihrer Halterung zu lösen und schräg zu stellen. Auf diese Weise wirkt der Hänger weniger eng und damit einladender für das Pferd. – Zusätzlich kann ein Futtereimer als Lockmittel dienen.

Ein kritischer, unfallträchtiger Moment ist der Zeitraum, in dem das Pferd sich bereits im Hänger befindet, aber die hintere Sicherungsstange noch nicht geschlossen ist. Tritt oder stürmt ein Pferd plötzlich zurück, muss der seitlich hinter dem Pferd stehende Helfer blitzschnell zur Seite ausweichen.

> *Safety first*
> **Binde nach dem Einladen ein Pferd im Hänger erst an, nachdem die Sicherungsstange hinter dem Pferd geschlossen ist. Öffne vor dem Ausladen die Sicherungsstange hinter dem Pferd erst, nachdem es losgebunden ist.**

Die Zwei-Longen-Technik

Als weitere Möglichkeit wird die Zwei-Longen-Methode empfohlen. Dabei werden zwei Longen jeweils seitlich am Hänger befestigt und hinter dem Pferd auf die andere Seite geführt. Auf diese Weise wird dem Pferd ebenfalls das Ausweichen zur Seite und nach hinten verwehrt und der Gang nach vorn schmackhaft gemacht.

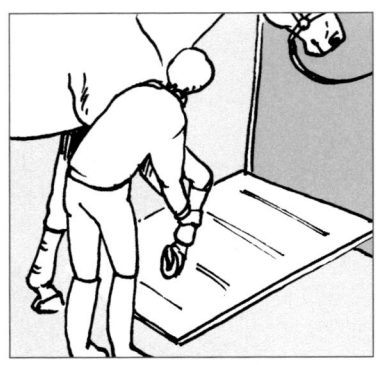

Bei einem zögernden Pferd kann es helfen, die Hufe auf die Rampe aufzusetzen.

Um dem Pferd den Weg zu weisen, können Helfer nacheinander die Hufe vom Boden abheben und nach vorn setzen. Auf diese Weise kann die Hemmung eines Pferdes vor dem Betreten der Rampe behutsam überwunden werden. Wichtig ist, dass die Longen ein mögliches Rückwärtstreten verhindern. Allerdings macht es wenig Sinn, ein Pferd gewaltsam in den Hänger ziehen zu wollen. Ausschlaggebend für den Erfolg ist es, dass es selbst den Weg nach vorne findet.

Ein Futtereimer kann dem Pferden den Einstieg in den Hänger schmackhaft machen.

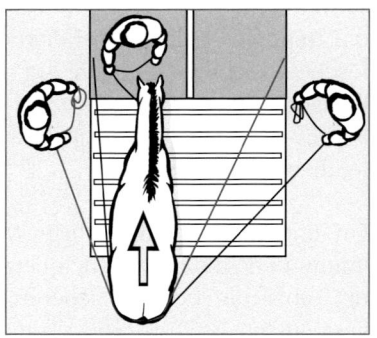

Zwei von hinten um das Pferd herum geführte Longen lassen nur den Fluchtweg nach vorn offen.

Pferdetransporter

Wo Pferde besonders häufig gefahren werden – zum Beispiel im Turniersport – sind auch Transporter im Einsatz, die mehrere Pferde gleichzeitig befördern können. Hier stehen die Pferde zum Teil quer zur Fahrtrichtung, was erfahrungsgemäß sehr gut angenommen wird.

Da die Pferde auf Lastkraftwagen oft höher stehen als in einem Pferdeanhänger, sind die Rampen entsprechend länger und steiler. Die Rampen sollten über eine seitliche Absicherung verfügen, um die Verletzungsgefahr für Pferde beim Verladen zu verringern.

Verladen auf einen Transporter verlangt besonderes Geschick und schnelle Reaktionen des Führenden. Die steile Rampe überwinden Pferde oft instinktiv in etwas höherem Tempo. Je nachdem, ob die Rampe seitlich oder hinten am LKW angebracht ist, müssen die Pferde nach dem Aufladen und vor dem Ausladen möglicherweise gewendet werden.

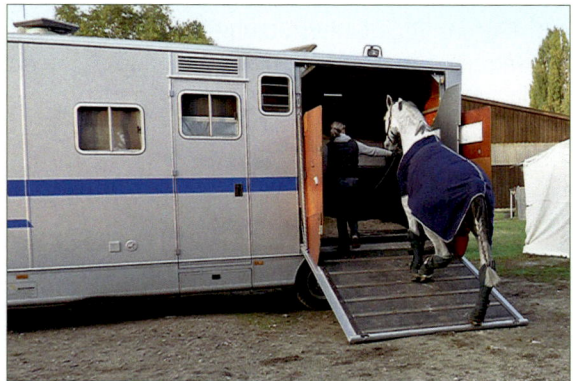

So selbstverständlich geht es in den Transporter hinein ...

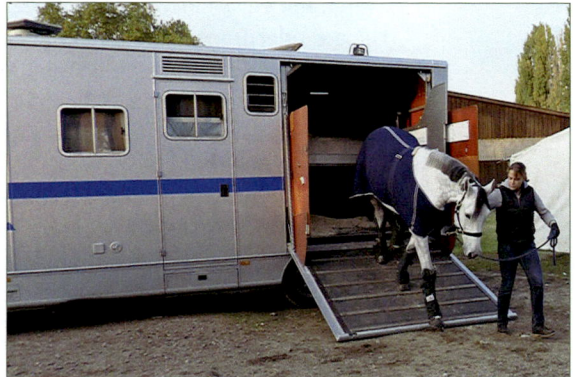

... und so gelassen wieder heraus.

An fremdem Ort

Beim Ausladen der Pferde von Hänger oder Transporter ist zu bedenken, dass ein einzelnes Pferd zunächst ungern allein zurückbleibt, unter Umständen zurückschießt oder sogar tobt. Ein unerfahrenes Pferd kann sich leicht in Panik steigern, wenn sein Stall- und Fahrtgenosse ausgeladen und außer Sichtweite geführt wird. Im Zweifelsfall ist es besser, ein einzelnes Pferd mit auszuladen. Es toleriert die Isolation leichter, wenn es danach wieder allein auf den Hänger zurückgeführt wird.

An Turnierbesuche, bei denen das Ein- und Ausladen einzelner Pferde für verschiedene Prüfungen an der Tagesordnung ist, müssen junge Pferde behutsam gewöhnt werden.

Das Verladen auf dem Turnierplatz oder in der Tierklinik gestaltet sich oft schwieriger als in der vertrauten Umgebung des Heimatstalles. Daher ist es ratsam, in jedem Fall mindestens eine Longe und Lockfutter mitzuführen und im Bedarfsfall sachkundige Hilfe zu organisieren. Gegenseitige Unterstützung bei schwierigem Verladen gehört in Reiterkreisen zum guten Ton. Die Beteiligung unerfahrener Helfer bietet dagegen meist mehr Risiko als Unterstützung.

Wichtig zu wissen

- **Für das Verladen wird das Pferd mit Bandagen oder Gamaschen und entsprechend der Witterung mit Decke ausgerüstet.**
- **Probleme beim Verladen können nur mit sachkundiger Hilfe gelöst werden.**
- **Mittel, um einem Pferd den Einstieg in Hänger oder Transporter zu erleichtern, sind: Seitliche Begrenzung (Parken an einer Wand), Führpferd, Schrägstellen der Trennwand, Zwei-Longen-Methode, Vorsetzen der Hufe, Lockfutter.**
- **Fahren mit dem Pferdehänger erfordert besondere Vorsicht und Rücksicht. Alle heftigen Beschleunigungs-, Brems- und Lenkmanöver müssen vermieden werden.**

Tipps für die Prüfung

 <u>Trainiere</u> sicheres Führen und Übungen aus der Bodenarbeit als beste Vorbereitung für das Verladen.

 <u>Lass</u> dir das fachgerechte Anhängen und Abhängen eines Pferdeanhängers zeigen.

 <u>Mache</u> dich mit dem Inneren eines Pferdeanhängers vertraut: Wie werden die Sicherungsstangen geöffnet und geschlossen, wo wird das Pferd angebunden?

 <u>Suche</u> die Gelegenheit, mit einem erfahrenen Pferd das Verladen selbst zu üben.

 <u>Überlege,</u> was zu einer guten Vorbereitung von Pferd und Anhänger nötig ist.

 <u>Präge</u> dir die kritischen Momente beim Verladen ein

 <u>Mache</u> dir klar, dass ein Pferd ein Pferd nur dann im Hänger oder Transporter sicher angebunden steht, wenn die Befestigungsstangen oder seitliche Befestigungswände geschlossen sind.

Ein sensibler, eher ängstlicher Wallach wird nach dem Reiten mit einem Wasserschlauch abgespritzt. Der Pfleger schleift den Wasserschlauch auf dem Boden entlang, um die Hufe der gegenüberliegenden Seite zu erreichen. Dabei berührt der am Boden liegende Schlauch einen Huf des Pferdes. Der Wallach weicht plötzlich zurück.

Zu den Instinkten, die bei manchen Pferden noch sehr stark ausgeprägt sind, gehört die Angst vor ihren ursprünglichen natürlichen Feinden. Ein sich bewegender Schlauch kann in den Augen eines Pferdes eine große Ähnlichkeit mit einer Giftschlange entwickeln.

Sauberes Fell

Pferde sind saubere Tiere, die es generell vermeiden, sich in den eigenen Kot zu legen. Weidepferde verfügen über eine Reihe von Maßnahmen dafür, ihr Fell zu pflegen. Die wichtigste ist das Wälzen. Die meisten Pferde wälzen sich regelmäßig, wenn ihnen die Gelegenheit dafür geboten wird.

Wälzen auf weichem Untergrund (Sand, Sägespäne) erneuert die schützende Schicht aus Talg und Staub über der Haut. Hat ein Pferd geschwitzt, dann versucht es auf diese Weise, schnell wieder trocken zu werden. Im Sommer nehmen manche Pferde gerne ein regelrechtes Schlammbad. Die angetrocknete Kruste auf dem Fell bietet Schutz vor lästigen Insektenstichen. Aber auch auf einer taufeuchten Wiese oder im frischen Pulverschnee wälzen sich Pferde mit sichtbarem Wohlbehagen.

Wo Pferden keine andere Möglichkeit geboten wird, wälzen sie sich in der Box. Aus hygienischen Gründen und um die Gefahr des Festliegens zu vermeiden, ist es besser, Pferden regelmäßig Gelegenheit zum Wälzen im Auslauf, auf der Weide oder notfalls in der Reithalle zu bieten. Im Interesse der Sicherheit aller Benutzer der Reithalle sollten Pferde sich nur dann wälzen dürfen, wenn gleichzeitig keine anderen Reiter in der Halle sind. Selbstverständlich muss der Pferdehalter die Spuren des Wälzens und vorangegangenen Scharrens auf dem Boden beseitigen.

Safety first

Beim Laufenlassen des Pferdes in der Halle müssen Banden- und Außentüren geschlossen und vorhandene Spiegel unbedingt abgedeckt werden.

Putzen – warum und wozu

Weidepferde, die nicht geritten werden, kommen ohne Fellpflege von Menschenhand aus. Dagegen brauchen Pferde, die im Stall gehalten werden, regelmäßige Pflege. Alle vierbeinigen Sportler, die in einer Sparte des Pferdesports eingesetzt werden sollen, müssen vor der Arbeit – also vor dem Auflegen von Sattelzeug oder anderem Zubehör – geputzt werden.

Das Putzen dient in erster Linie der Gesundheit des Pferdes – äußerliche Gesichtspunkte (staubfreies, strahlendes Fell) sind dabei zweitrangig. Bei der täglichen Fellpflege werden Fremdkörper aus dem Fell entfernt, die Haare entwirrt und geglättet sowie mögliche verklebte Stellen und angetrocknete Schmutz- und Schweißränder beseitigt. Auf jeden Fall muss das Fell an den Stellen, an denen Sattel, Trense und anderes Zubehör aufgelegt werden, glatt und sauber sein. Andernfalls ist rasch mit Druck- und Scheuerstellen oder Hautekzemen zu rechnen. Berührungen mit Striegel und Bürste stellen eine Art durchblutungsfördernder Massage dar. Für den Reiter selbst kann das Putzen vor dem Reiten einen Beitrag zum nötigen Aufwärmen vor dem Aufsitzen darstellen.

Nicht zuletzt bietet Putzen auch die beste Möglichkeit, einen persönlichen Kontakt zwischen Mensch und Tier herzustellen. Außerdem lassen sich bei der täglichen Pferdepflege der Gesundheitszustand und das Verhalten eines Pferdes am besten beobachten, mögliche Auffälligkeiten erkennen und Krankheitsanzeichen an Haut-, Binde- und Sehnengewebe (Verletzungen, Schwellungen, Hautveränderungen) frühzeitig feststellen.

Fell ist nicht gleich Fell

Allgemein verbindliche Regeln für das Putzen kann es schon deshalb nicht geben, weil das Pferdefell je nach Rasse, Jahreszeit, Haltungsform und Beanspruchung eines Pferdes große Unterschiede zeigt. Viele Ponyrassen (siehe Seite 55) verfügen über ein dichteres, raueres Fell, Vollblüter über ein feineres. Pferde in Auslaufhaltung beanspruchen ihr Fell – und damit auch den Pferdepfleger – viel mehr als Pferde in ausschließlicher Stallhaltung.

Zweimal jährlich wechseln alle Pferde ihr Fell. Kürzer beziehungsweise länger werdende Tage signalisieren ihnen – unabhängig von der Außentemperatur – untrüglich den bevorstehenden Wechsel der Jahreszeiten. Im Herbst wächst den Pferden ein langes Deckhaar und dichtes, flaumiges Unterhaar; das kurze Sommer-Deckhaar wird

abgestoßen. Wie lang das Winterhaar wird, hängt von der Rasse des Pferdes und von den Außentemperaturen ab. Im Frühjahr dauert es wochenlang, bis das lange Winterhaar dem kurzen Sommerhaar weicht.

Bei Pferden in Weide- oder anderer Auslaufhaltung macht es keinen Sinn, die Staub-Talg-Schicht über der Haut mühsam wegputzen zu wollen. Diese Schicht bietet einen zusätzlichen Schutz gegen äußere Witterungseinflüsse.

Wichtig zu wissen

- **Putzen dient der Säuberung des Fells, der Hautdurchblutung, dem Kontakt zwischen Pferd und Pfleger und der Gesundheitskontrolle.**
- **Die Technik und die Ziele des Putzens unterscheiden sich je nach der unterschiedlichen Ausprägung des Fells. Unterschiede ergeben sich je nach Rasse, Jahreszeit, Haltungsform und Beanspruchung eines Pferdes.**
- **Pferde in Auslaufhaltung und Pferde mit langem Winterhaar brauchen nicht staubfrei geputzt zu werden.**

Freundschaftsdienst ohne Streit

Putzen bietet die beste Möglichkeit, sich mit einem Pferd anzufreunden. Beim Putzen befindet sich der Mensch beständig innerhalb der kritischen Distanz des Pferdes, also in dem Bereich, in dem es sich gegen einen möglichen Angriff zur Wehr setzen würde. Daher ist die Pferdepflege auch eine Art Nagelprobe für das Vertrauensverhältnis zwischen Pferd und Pfleger. Dabei müssen der Gehorsam des Pferdes und die Duldung nötiger Pflegemaßnahmen sichergestellt sein.

Die Hautsensibilität ist von Pferd zu Pferd sehr unterschiedlich. Alle Pferde sind allerdings in bestimmten Bereichen des Körpers empfindlich (überall da, wo Knochen direkt unter der Haut liegen) oder kitzlig (Bauch, Flanken, Innenseite der Hinterbeine). Es gibt kein Argument dafür, ein kitzliges und empfindliches Pferd mit scharfen und harten Instrumenten (Eisenstriegel) zu traktieren. Im Handel werden eine Fülle von Werkzeugen angeboten, mit denen die Pferdepflege gleichzeitig schonend und effektiv vonstatten gehen kann.

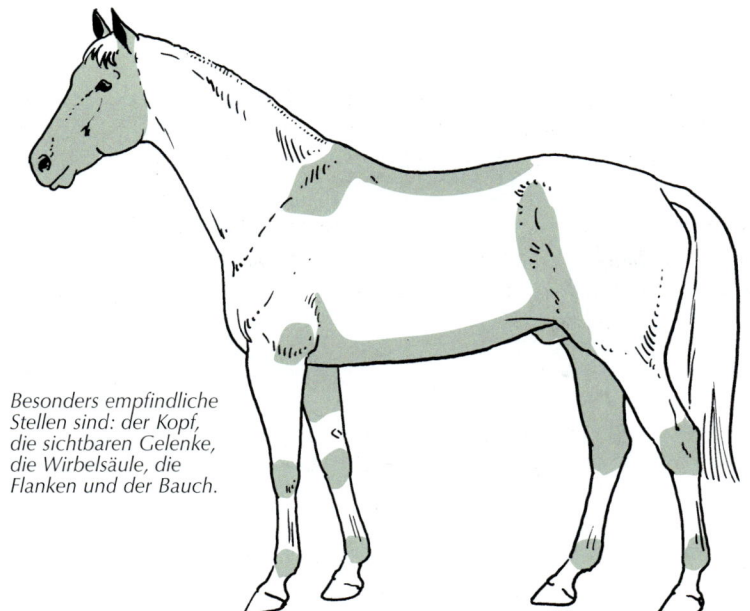

Besonders empfindliche Stellen sind: der Kopf, die sichtbaren Gelenke, die Wirbelsäule, die Flanken und der Bauch.

Die meisten Pferde lassen sich gern putzen. Es gibt allerdings auch Ausnahmen: Pferde, die bei der täglichen Pferdepflege regelmäßig einen Machtkampf um die Rangordnung zwischen Mensch und Pferd anzetteln. Anzeichen dafür sind angelegte Ohren, drohend angehobene Hinterbeine, Hin- und Hertänzeln, In-die-Luft-Beißen und schnappen nach dem Menschen, der Versuch, den Putzenden an die Wand zu drücken und gezieltes Ausschlagen. Der Umgang mit solchen Pferden erfordert Erfahrung, Selbstsicherheit und ein hohes Sicherheitsbewusstsein. Als Übungsobjekte für Kinder und Jugendliche oder unerfahrene Reiter eignen sie sich auf gar keinen Fall. Menschliche Angst wird von Pferden sehr genau wahrgenommen (siehe Seite 73) und erschwert die Problematik.

> ## Safety first
> **Der Umgang mit Pferden, die beim Putzen ein problematisches Verhalten zeigen, muss Fachleuten vorbehalten bleiben.**

Die Reihenfolge

Grundsätzlich sollte das Putzen immer im gleichen ritualisierten Ablauf erfolgen.

Ausgangspunkt ist die sichere Stellung neben der linken Pferdeschulter. Generell sollte der Pfleger dicht am Pferd bleiben – hier ist die Verletzungsgefahr durch unvorhergesehene Reaktionen des Pferdes geringer als bei einem Abstand von $1/2$ bis 1 m.

Fachgerechte Pferdepflege gehört zu den Grundlagen im Umgang mit dem Pferd.

Geputzt wird in Fellrichtung von vorne nach hinten. Wer den Pferde-körper dabei gedanklich in drei Abschnitte teilt (Vorhand mit Kopf, Hals, Brust und Vorderbeinen; Mittelhand mit Widerrist, Rücken, Bauch, Nierenpartie und Flanken; Hinterhand mit Kruppe und Hinter-beinen) vergisst nicht so leicht einen zu putzenden Bereich.

Wer beim Putzen von der einen auf die andere Pferdeseite wechseln will, geht am sichersten mit genügend Abstand um das Pferd herum.

Ist das nicht möglich, kann man auch unter dem Pfer-dehals auf die andere Seite wechseln. Erhöhte Auf-merksamkeit ist immer geboten, wenn man beim Put-zen hinten um das Pferd herumgehen will. Das sollte man bei unbekannten, fremden Pferden niemals tun. Plötzliche Bewegungen in diesem Bereich können instinktive Abwehrreaktionen (Ausschlagen) zur Folge haben. Ansprechen und Körperkontakt (eine Hand auf der Kruppe des Pferdes) können ein solches Verhalten des Pferdes weitgehend verhindern.

Safety first

Bleibe beim Putzen dicht am Pferd. Gehe, wenn möglich, mit Abstand um das Pferd herum. Lasse eine Hand an der Brust des Pferdes, wenn du unter dem Pferdehals durchkriechen willst, oder auf der Kruppe des Pferdes, wenn du dich im Bereich der Hinterhand bewegst.

Fellpflege

Das traditionelle Putzgerät besteht aus einem Striegel – heute meist aus Plastik oder Gummi – und einer weichen Bürste, in der Fachsprache Kardätsche. Mit dem Striegel wird das gesamte Fell in kreisförmigen Bewegungen aufgeraut. Fremdkörper und Staub werden auf diese Weise an die Oberfläche geholt. Bei der Arbeit mit dem Striegel ist Rücksicht auf alle empfindlichen Stellen des Pferdes geboten. Der Kopf wird überhaupt nicht mit dem Striegel bearbeitet.

Im nächsten Arbeitsgang erfolgt das Glätten in Fellrichtung mit der Bürste. Sie wird auf der linken Seite des Pferdes mit der linken Hand eingesetzt, auf der rechten Seite mit der rechten Hand. Nach jedem „Strich", also einer langen, streichenden Bewegung am Pferdekörper entlang, wird die Bürste am Metall- oder Plastikstriegel abgestreift, und zwar immer vom eigenen Körper weg. Andernfalls fliegen Staub und Schmutz unweigerlich ins eigene Gesicht. Wenn sich genügend Staub und Schmutz im Striegel gesammelt hat, wird er in einiger Entfernung vom Pferd am Boden ausgeklopft. Auch die dabei entstehenden Muster werden „Striche" genannt. Mit einem weichen Lappen kann eventuell noch vorhandener restlicher Staub entfernt werden.

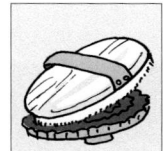

Kardätsche und Striegel

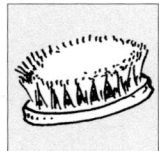

Harte Wurzelbürste

Besonderes Augenmerk beim Putzen verdienen alle Körperstellen, auf denen Sattel und Trense oder anderes Zubehör aufliegen. Wenn viele Fremdkörper (Einstreu, Sand) im Pferdefell hängen, kann es sinnvoll sein, das Pferd als Erstes mit einer nicht zu harten Wurzelbürste abzubürsten. Das Gleiche gilt für den Umgang mit langem Winterfell oder für das Putzen von robust gehaltenen Pferden.

Mähnenbürste/- Mähnenkamm

Der Kopf des Pferdes wird zuletzt geputzt. Für eine gründliche Reinigung muss das Halfter abgenommen und dem Pferd um den Hals gelegt werden. Eine Hand fasst dabei von unten unter den Pferdehals durch auf die andere Seite und bleibt auf der Pferdenase liegen. Mit der anderen Hand wird geputzt – nur mit einer weichen Bürste oder einem weichen Lappen.

Wascheimer/zwei Schwämme

Langhaarpflege

Mähne und Schweif eines Pferdes müssen besonders gepflegt werden. Das Langhaar schützt ein Pferd vor Witterungseinflüssen und Insekten. Bei der Pflege sollten keine Haare verloren gehen. Es dauert bis zu 7 Jahren, bis ein ausgerissenes Schweifhaar in voller Läge nachgewachsen ist. Am schonendsten und sichersten gelingt die Schweif-

pflege mit den Fingern. Beim so genannten „Verlesen" werden die Schweifhaare Strähne für Strähne vom Ansatz bis in die Spitzen entwirrt und vereinzelt. Sicherheitshalber sollten die Schweifhaare beim Bürsten unterhalb der Schweifrübe festgehalten werden.

Die Mähne wird mit einer weichen Bürste vom Mähnenkamm aus auf eine Seite gebürstet. Mit einem der vielfach im Handel angebotenen Kämme oder Nadelstriegel sollte man die Mähne nur bearbeiten, wenn dadurch nicht unbeabsichtigt Haare ausgerissen werden.

Dicht neben dem Hinterbein ist der sicherste Standort für das Verlesen des Schweifes.

Die Mähnenhaare werden mit einer Mähnenbürste glatt auf eine Seite gebürstet.

Putzen im Überblick

- Geputzt wird zunächst von links, von vorne nach hinten und immer in der gleichen Reihenfolge.
- Eine Wurzelbürste dient dazu, das Pferdefell von Fremdkörpern und oberflächlichem Schmutz zu befreien.
- Mit dem Striegel wird das Fell aufgeraut und Staub an die Oberfläche geholt.
- Mit der weichen Bürste (Kardätsche) wird die Oberfläche des Fells glatt geputzt.
- Der Pferdekopf wird nur mit einer weichen Bürste bearbeitet.
- Bei der Pflege von Mähne und Schweif sollten keine Haare verloren gehen.

Aufheben der Hufe

Das „Geben", also Aufheben der Hufe, sollte ein Pferd bereits im Fohlenalter lernen. Für ein Fluchttier ist es eine ungewohnte und zunächst unangenehme Situation, sich auf drei Beinen ausbalancieren und im Zweifelsfall nicht flüchten zu können. Aber auch ein gut erzogenes Pferd kann bei einer Angst- und Schreckreaktion den gerade angehobenen Huf instinktiv wegziehen. Selbst wenn das Auskratzen der Hufe zur täglichen wiederholten Routine gehört, ist dabei stets erhöhte Aufmerksamkeit und Vorsicht gefordert.

Zur Sicherheit trägt es bei, wenn das Hochheben der Hufe immer in der gleichen Reihenfolge von vorne nach hinten geschieht, beginnend auf der linken Seite. Viele Pferde gewöhnen sich an diesen Ablauf und geben die Hufe mehr oder weniger selbstständig. Der Reiter oder Pfleger braucht dabei selbst einen sicheren Stand mit dem Rücken zum Pferdekopf und zumindest leicht gebeugten Knien, die Füße bis zu Hüftbreit auseinandergestellt. Das jeweilige Pferdebein wird mit der dem Pferd zugewandten Hand von innen etwas oberhalb des Fesselkopfs umfasst und leicht angehoben.

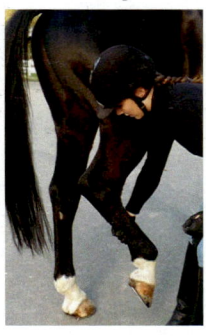

Der Hinterhuf wird zum Aufheben von innen umfasst und leicht angehoben.

Die meisten Pferde geben die Vorderhufe willig und problemlos. Schwieriger kann das Aufheben der Hinterhufe sein, insbesondere, wenn das Pferd dabei längere Zeit stillstehen soll. Bedingt durch die Winkelung des Pferdebeins nimmt das Pferd den Huf nach dem Anheben zunächst leicht nach vorn. Zieht ein Pferd den Huf plötzlich weg, kann der Reiter oder Pfleger sein Gleichgewicht verlieren. Am sichersten ist es daher, in der täglichen Pflege den Hinterhuf nur leicht anzuheben.

Will man die Hinterhufe ausgiebiger pflegen oder die Innenfläche des Hufes bearbeiten, kann man den Huf vorsichtig nach hinten oben ziehen und auf dem eigenen Oberschenkel ablegen. Diese Maßnahme empfiehlt sich nur bei gut erzogenen Pferden und genügend eigener Erfahrung. Nicht empfehlenswert ist es, das Sprunggelenk des Pferdes dabei unter die eigene Achsel zu klemmen. Zieht das Pferd den Hinterhuf ruckartig weg, ist ein Sturz vorprogrammiert.

Das fachgerechte, möglichst sichere Aufheben der Hinterhufe beim Schmied wird durch Vorgaben der **zuständigen** Berufsgenossenschaft geregelt. Wer als Pferdehalter ein Pferd beim Schmied aufhält, sollte sich entsprechend einweisen lassen.

Safety first

Stell dich beim Aufheben der Hufe nie in die mögliche Schlagrichtung, das heißt immer mit dem Rücken zum Pferdekopf. Halte deinen eigenen Kopf niemals dicht über dem Huf, um bei Schreck oder Gegenwehr des Pferdes Verletzungen zu vermeiden. Lass den Huf abschließend nicht einfach los, sondern halte das Bein so lange fest, bis das Pferd ihn wieder sanft zu Boden gestellt hat.

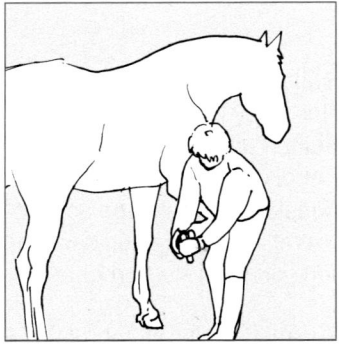
Korrektes Aufheben eines Vorderhufes

Ablegen des Hinterhufs auf dem Oberschenkel

Hufpflege

Bei Pferden in Stallhaltung muss besonderer Wert auf tägliche Hufpflege gelegt werden. Das Stehen in ständigem Kontakt mit der Einstreu kann die Hufe angreifen. Sie müssen trocken und sauber gehalten werden. Hufe können Wasser speichern und erhalten sich auf diese Weise ihre Elastizität. Daher sollten sie regelmäßig mit Wasser in Kontakt kommen. Allerdings darf die schützende Glasurschicht an der Hufoberfläche und der Kronsaum dabei nicht durch den Einsatz scharfer Bürsten oder Scheuermittel zerstört bzw. verletzt werden. Um die Feuchtigkeit zu konservieren, kann im Anschluss an das Waschen und Abtrocknen der Hufe spezielles Huffett oder Huföl aufgetragen werden. Die Wirkung dieser Pflegemaßnahme darf nicht überschätzt werden; Fett dringt nicht in das Hufhorn ein.

Wichtig ist es, die Hufe regelmäßig vor und nach dem Reiten mit einem nicht zu spitzen Hufkratzer zu säubern, und zwar vom Hufballen aus in Richtung Hufzehe.

Die Strahlfurchen sollten dabei sauber, aber nicht durch den Hufkratzer vertieft werden.

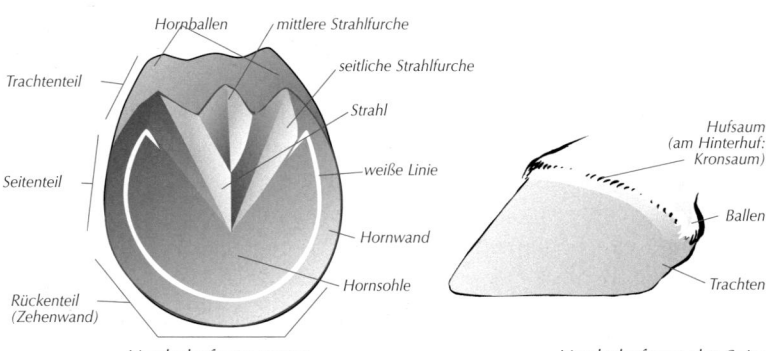

Vorderhuf von unten   *Vorderhuf von der Seite*

Hufkorrektur durch den Schmied

Wild lebende Pferde laufen sich ihre Hufe auf natürliche Weise ab. Bei allen Pferde, die als Haustier gehalten werden – auch bei Weide- und Auslaufhaltung – ist eine regelmäßige Korrektur der Hufe durch einen Hufschmied nötig. Er kürzt und begradigt unregelmäßig abgelaufenes Horn und korrigiert, wenn nötig, den Huf so, dass er zum natürlichen Stand der Fesseln passt.

Bei den meisten Pferden ist ein regelmäßiger Hufbeschlag nötig. Regelmäßige Kontrolle der Hufe durch den Schmied und rechtzeitiges Korrigieren der Hufform ist eine der wichtigsten Voraussetzungen für gesunde Pferdebeine. Unbeschlagene Pferde sollten ungefähr alle fünf bis sechs Wochen, beschlagene Pferde alle sieben bis acht Wochen vom Schmied behandelt werden.
Fehlerhafte Hufstellungen, unregelmäßige Korrektur der Hufform und zu lange Zwischenräume von einem Beschlag zum nächsten können akute und chronische Lahmheiten hervorrufen.

Pflege nach dem Reiten

Genauso wichtig wie die Pflege vor ist die Pflege nach dem Reiten. Die Hufe müssen ausgekratzt, gesäubert und auf eventuelle Verletzungen, eingeklemmte Fremdkörper oder Mängel am Beschlag (z.B. lockere Eisen) hin kontrolliert werden.
Hufe und Beine können mit einem nicht zu harten Wasserstrahl von unten nach oben abgespritzt werden.
Überall da, wo Sattel und Trense aufliegen, schwitzen Pferde besonders, außerdem an Hals und Brust, in den Flanken und zwischen den Hinterbeinen. Bei warmer Witterung lassen sich diese verschwitzten Stellen am besten mit einem feuchten, in lauwarmes Wasser getauchten Schwamm säubern. Sauberes Fell trocknet sehr viel schneller!

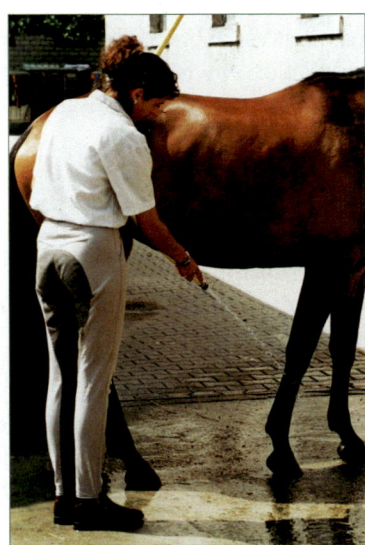

Die Sehnen werden mit einem nicht zu scharfen Wasserstrahl gekühlt.

113
Putzen und Hufpflege • Kapitel 8

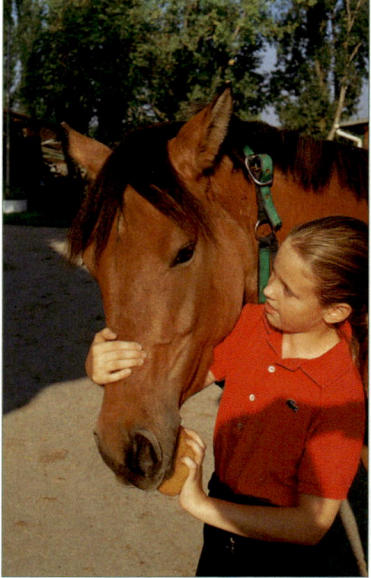

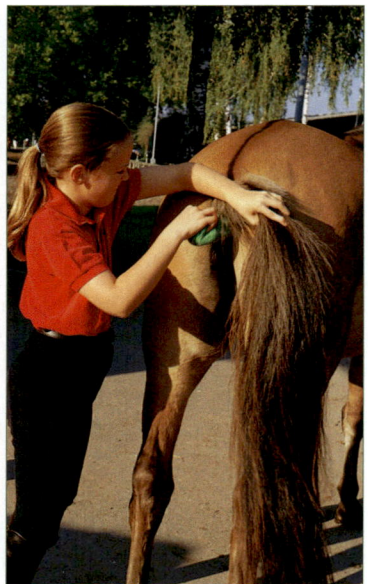

Augenwinkel, Nüstern und Maulwinkel sowie die Stellen, an denen die Trense aufliegt, werden mit einem Schwamm abgewischt.

Die Unterseite der Schweifrübe, der After und Schweißstellen zwischen den Hinterbeinen werden mit einem weiteren Schwamm gereinigt.

Wenn das Pferd wieder trocken ist, sollte es noch einmal übergeputzt werden. Verklebte Stellen, die im Fell verbleiben, behindern die Luftzirkulation im Fell und damit zugleich die Hautatmung und den natürlichen Temperaturausgleich der Pferde.

Safety first
Bei kalter, zugiger Witterung sollte zurückhaltend mit Wasser umgegangen werden. Zum Schutz vor Zugluft und um das Trocknen zu beschleunigen, empfiehlt sich das Auflegen einer Abschwitzdecke. Wenn das Pferd getrocknet ist, werden noch verbliebene verklebte Stellen sorgfältig glatt gebürstet.

Große Wäsche

Nach besonderen Anstrengungen bei großer Hitze können Pferde auch am ganzen Körper abgewaschen werden. Für eine gründliche Reinigung, auch für Mähne und Schweif, eignet sich ein mildes, möglichst rückfettendes Shampoo. Wie weit Pferde dabei auch am Körper das Abspritzen mit dem Wasserschlauch dulden, muss vorsichtig ausprobiert werden. Im Zweifelsfall ist es sicherer, auf Schwamm und Wassereimer zurückzugreifen.

Ein nasses Pferd sollte umgehend mit einem Schweißmesser abgezogen werden; es streicht die überschüssige Feuchtigkeit aus dem Fell.

Stelle generell ein nasses Pferd nicht gleich in den Stall, sondern führe es, bis es wieder trocken ist.

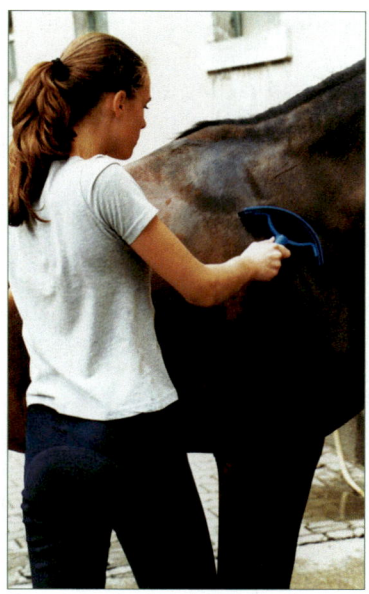

Ein nasses Pferd trocknet schneller, wenn man es mit einem Schweißmesser abzieht.

Frisieren

Bei manchen Rassen, insbesondere bei Turnierpferden, ist es üblich, die Langhaare der Pferde zu frisieren. Mähnen werden z.B. mit einem Frisiermesser bis auf eine Handbreit gekürzt. Eine frisierte Mähne sollte natürlich, nicht abgeschnitten wirken.

Schweife werden eventuell an der Schweifrübe seitlich schmal beschnitten und am unteren Ende gerade abgeschnitten. Zusätzlich werden lang überstehenden Haare am Fesselkopf beschnitten. Da diese Haare die Funktion haben, die empfindlichen Fesselbeugen vor Nässe zu schützen, empfiehlt sich besondere Sorgfalt bei der Pferdepflege. Nach der Behandlung mit Wasser sollten die Fesselbeugen abgetrocknet werden.

Das Scheren der Tasthaare an Maul und Nüstern sowie das Ausscheren der Ohren ist aus tierschützerichen Gründen verboten.
Einige Pferderassen werden generell nicht frisiert, z.B. arabische Vollblüter, Friesen und Andalusier, viele Ponyrassen und auch robust gehaltene Pferde.

Scheren

Die Ausprägung des Winterfells ist bei Pferden individuell unterschiedlich. Wird das Fell sehr lang, können bei intensiver Bewegung – etwa beim Training für den Leistungssport – Probleme auftreten. Die Pferde schwitzen sehr stark, trocknen erst nach Stunden wieder ab und kühlen dabei sehr stark ab. Unterkühlung birgt gesundheitliche Gefahren.

In solchen Fällen bietet es sich an, Pferde ganz oder teilweise zu scheren. Je nach dem Verwendungszweck für das Pferd eignen sich Scherfrisuren, bei denen das lange Fell am Kopf, an den Beinen, in der Sattellage oder auch in der Nierenpartie und auf der Kruppe erhalten bleibt.

Geschorene Pferde brauchen unbedingt einen zusätzlichen Kälteschutz und müssen warm eingedeckt werden.

Wichtig zu wissen

- Pflege nach dem Reiten die Hufe des Pferdes.
- Kontrolliere alle Stellen, an denen Sattelzeug, Trense oder anderes Zubehör aufgelegen hat.
- Arbeite der Witterung entsprechend mit Wasser.
- Sei beim Abspritzen besonders vorsichtig. Manche Pferde haben Angst vor dem Wasserschlauch und Wasserstrahl.
- Schütze das Pferd vor Zugluft, notfalls durch eine Decke.
- Pferde mit sehr langem Winterfell, die bei der Arbeit übermäßig schwitzen, können geschoren werden.

Tipps für die Prüfung

 <u>Übe</u> das Putzen am korrekten Standort neben dem Pferd und mit den fachgerechten Handgriffen.

 <u>Achte</u> besonders darauf, auf der rechten Seite des Pferdes mit deiner rechten Hand, auf der linken Seite mit deiner linken Hand zu bürsten.

 <u>Stelle</u> für die Prüfung ein komplettes, zwekkmäßiges Putzzeug zusammen.
Lege bereit, was du für die Pflege mit Wasser brauchst.

 <u>Übe</u> das Aufheben der Vorder- und Hinterhufe mit fachgerechten Handgriffen.

Satteln und Auftrensen

Eine Reiterin trenst nach der Reitstunde ihr Pferd ab. Sie öffnet die zum Abtrensen notwendigen Schnallen und will das Kopfzeug vom Pferdekopf ziehen, ohne den Kopf des Pferdes festzuhalten und das Gebiss mit der linken Hand entgegen zu nehmen. Als das Gebiss gegen die Pferdezähne schlägt, nimmt das Pferd den Kopf ruckartig nach oben und weicht zurück. Das Trensengebiss verhakt sich noch einen Moment hinter den Zähnen, bevor es dann aus dem Maul des Pferdes fällt. Beim nächsten Versuch des Abtrensens macht sich diese Unachtsamkeit bemerkbar, indem das Pferd rückwärts geht und mit dem Kopf nach oben ausweicht. Die fachgerechten Handgriffe im Umgang mit dem Pferd – also auch beim Auf- und Abtrensen – stellen sicher, dass keine unangenehmen Situationen entstehen.

Sichere Ausrüstung

Jede Ausrüstung für ein Pferd muss fachgerecht und sicher sein. Das gilt in ganz besonderem Maße für die wichtigsten Hilfsmittel beim Reiten, Sattel und Trense. Die Ausrüstung muss zum Pferd, zum Reiter und zur gestellten Aufgabe passen. Passform und Qualität der Ausrüstung sind ebenfalls entscheidend für die Sicherheit: ausgefranste Nähte beispielsweise an Zügeln oder Steigbügelriemen oder brüchiges Leder an den Gurtstrippen sehen nicht nur unschön aus, sondern können schlimmstenfalls Unfälle verursachen.

Um die Lebensdauer und Qualität der Ausrüstung zu erhalten, muss sie regelmäßig gepflegt werden. Die Art der Pflege hängt vom Material ab. Alle Teile aus Stoff, Kunststoff und High-Tec-Materialien wie Decken und Unterdecken, Gamaschen und Gurte sind waschbar, die meisten sogar in der Waschmaschine. Alle Lederteile müssen nach Gebrauch mit Sattelseife oder speziellen Pflegemitteln gereinigt und in regelmäßigen Abständen eingefettet werden. Die größten Feinde des Leders sind Pferdeschweiß, dauernde Feuchtigkeit und sehr warme, trockene Heizungsluft.

Safety first

Die Ausrüstung des Pferdes eignet sich nicht für Experimente. Insbesondere bei der Auswahl von Gebissen, Hilfszügeln, Sätteln und Geschirren ist fachmännischer Rat gefragt, um unangenehme Folgen und gesundheitliche Schäden des Pferdes zu vermeiden.

Die Trense

Mit Hilfe einer Trense – eines Kopf-stückes, in das ein Gebiss eingeschnallt wird – kann ein Pferd sicher unter Kontrolle gehalten werden. Daher gehört es zur reiterlichen Grundausbildung eines Pferdes, es an ein Gebiss im Maul zu gewöhnen. Auch beim Fahren oder Voltigieren tragen Pferde eine Trense. Soll ein Pferd sicher geführt werden – z.B. an einem unbekannten, aufregenden Ort wie dem Turnierplatz oder der Tierklinik – lässt sich das Pferd ebenfalls sicherer unter Kontrolle halten, wenn es aufgetrenst ist. Die fachgerechten Handgriffe zum Auf- und Abtrensen gehören zu den Grundlagen im Umgang mit dem Pferd.

Die eigentliche Trense besteht nur aus einem Genickstück mit zwei seitlichen Backenstücken, die in die Ringe des Gebisses eingeschnallt werden. Ein Stirnband und ein sogenannter Kehlriemen sichern den Halt der Trense. In der Reitausbildung sind zusätzlich eingeschnallte Reithalfter in unterschiedlichen Formen (siehe nebenstehende Abbildungen) üblich und sinnvoll, weil sie den durch das Annehmen der Zügel ausgeübten Druck auf die Kinnladen mindern und zum Teil indirekt auf den Nasenrücken umleiten. Die Pferde werden weniger zu Gegenreaktionen gegen die Zügeleinwirkung provoziert und zugleich an der Gegenwehr gehindert – etwa am Aufsperren des Mauls, Hochnehmen der Zunge über das Gebiss oder Verkanten des Unterkiefers.

Stirnriemen

Genickstück

Nasenriemen

Reithalfter

Sperrriemen

Backenstück

Kehlriemen

Gebissring

Zügel

Gebiss

Eine Trense – hier mit dem häufig gebrauchten kombinierten Reithalfter – und ihre Bestandteile.

Unterschiedliche Reithalfter

Hannoversches Reithalfter

Englisches Reithalfter

Mexikanisches Reithalfter

Auftrensen im Überblick

● **Ausgangsstellung:** Neben der linken Pferdeschulter, Trense in der linken Hand; Zügel über den Pferdehals streifen, rechte Hand auf den Nasenrücken legen. Trense mit der rechten Hand übernehmen (zwei Finger zwischen die Backenstücke), das Gebiss auf die flache linke Hand (Abb. 1) direkt vor das Pferdemaul legen.

● **Öffnen des Pferdemauls:** Mit dem linken Daumen etwas unterhalb des Maulwinkels ins Pferdemaul fassen, mit leichtem Druck das Pferd zum Öffnen des Mauls veranlassen, Gebiss ins Pferdemaul schieben und gleichzeitig mit der rechten Hand die Trense anheben.

● **Hochziehen der Trense:** Mit der rechten Hand die Trense vorsichtig hochziehen, während das Gebiss bis in die Maulwinkel gleitet; das Genickstück mit beiden Händen erst über das rechte, dann über das linke Pferdeohr schieben, dabei Pferdeohren nach vorn nehmen (Abb. 2).

● **Zuschnallen:** Schopf und Mähnenhaare unter dem Genickstück glatt ziehen, Schopf über das Stirnband fallen lassen, Reithalfter geradeziehen (Abb. 3), Kehl-, Nasen- und als letztes Kinnriemen schließen (Abb. 4), korrekten Sitz auch von rechts und passende Länge prüfen. Zwischen Kehlriemen und Kehle des Pferdes sollen eine aufgestellte Faust, zwischen Nasenriemen und dem knöchernen Nasenrücken zwei Finger Platz finden (Abb. 5).

Auftrensen

Die Trense muss in der Größe zum Pferd richtig ausgewählt und individuell angepasst werden, ebenso das Mundstück (Gebiss). Am gebräuchlichsten sind die einfach bzw. doppelt gebrochene Wasser- und Olivenkopftrense. Dicke Mundstücke sind in der Regel angenehmer für Pferde als dünne, die scharf wirken. Abgenutzte rostige Gebisse oder scharfe Ecken und Kanten gehören nicht ins Pferdemaul. Zu kurze oder zu lange Gebisse stören oder verletzen das Pferd. Ein zu hoch verschnalltes Gebiss schneidet die Maulwinkel des Pferdes ein (Anhaltspunkt: nicht mehr als drei Falten im Maulwinkel sichtbar), ein zu lang verschnalltes Gebiss stößt gegen die Pferdezähne. Für den richtigen Sitz der Trense gibt es folgende Anhaltspunkte: Der Nasenriemen des Englischen Reithalfters verläuft seitlich unter den Backenstücken einen Finger breit unter der Jochbeinleiste, der Sperrriemen unterhalb des Trensengebisses. Der Nasenriemen des Hannoverschen Reithalfters verläuft etwa vier Finger breit über dem oberen Nüsternrand.

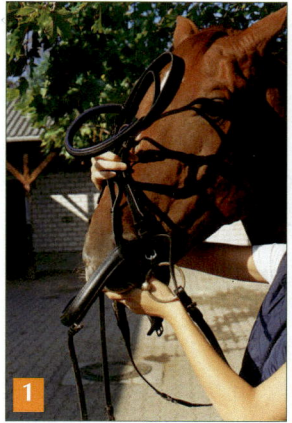

1

Die Ausgangsstellung zum Auftrensen.

2

Das Genickstück wird über die Ohren gestreift.

3

Der Nasenriemen verläuft unter dem Backenstück.

Abtrensen

Zum Abtrensen werden alle Riemen geöffnet, die eine gedachte Linie von der Kehle bis zum Kinn des Pferdes kreuzen. Dabei ist die Reihenfolge von unten nach oben (Kinnriemen oder Sperriemen, Nasenriemen, Kehlriemen) sinnvoll. Zum Abnehmen der Trense wird die gleiche Ausgangsstellung wie zum Auftrensen eingenommen. Der Zügel bleibt zunächst noch auf dem Pferdehals. Das Genickstück wird gleichmäßig mit beiden Händen langsam über die Pferdeohren nach vorn geschoben. Notfalls hält leichter Druck mit der rechten Hand auf den Nasenrücken den Pferdekopf unter Kontrolle. Beim Abtrensen muss die Lage des Gebisses im Pferdemaul gut beobachtet werden. Das Gebiss darf keinesfalls gegen die Zähne des Pferdes schlagen. Abschließend wird der Zügel vom Pferdehals genommen.

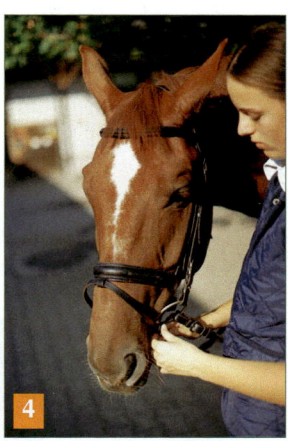

4

Zuletzt wird der Sperriemen geschlossen.

> ## Safety first
> Pferden, die beim Auf- und Abtrensen nicht ruhig stehen bleiben oder gar nach rükkwärts ausweichen, kannst du am besten im Stall auf- und abtrensen. Von dem Anbinden des Pferdes mit um den Hals gelegten Halfter ist abzuraten.

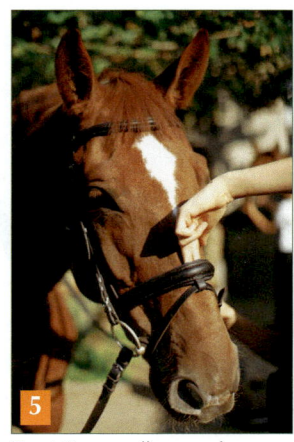

5

Zwei Finger sollen vor dem Nasenbein Platz finden.

Probleme beim Auf- und Abtrensen

Nicht alle Pferde lassen sich geduldig auf- und abtrensen. Folgende Maßnahmen können helfen: ein Leckerbissen, damit das Pferd den Kopf herunternimmt; mäßiger Druck mit dem linken Daumen in den zahnlosen Teil der oberen Maulspalte, um das Pferd zum Öffnen des Mauls zu veranlassen; Festhalten mit der rechten Hand des Nasenrückens, um das Hochnehmen des Kopfes zu verhindern. Du kannst natürlich auch eine erfahrene Person um Hilfe bitten.

Satteln im Überblick

● Den Sattel von links auflegen und von vorn nach hinten in die Sattellage gleiten lassen. Die Unterdecke in der vorderen Kammer des Sattels nach oben ziehen (einkammern), damit sie nicht auf den Widerrist drückt (Abb. 1).

● Auf die andere Seite wechseln, Lage von Sattel und Unterdecke kontrollieren und den Gurt vorsichtig nach unten gleiten lassen. Dabei darauf achten, dass die Gurtschnalle nicht gegen das Pferdebein schlägt. (Abb. 2)

● Wieder auf die linke Pferdeseite wechseln, Sattelgurt vorsichtig fassen (Abb. 3) und schließen, nach und nach angurten (Abb. 4). Der Gurt muss etwa eine Handbreit hinter den Ellenbogenhöckern des Pferdes liegen.

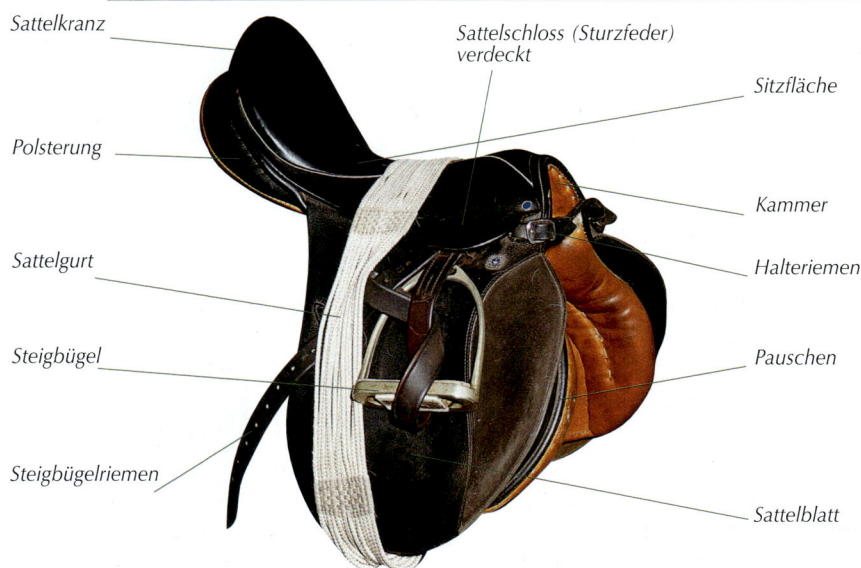

Sattelkranz · Sattelschloss (Sturzfeder) verdeckt · Sitzfläche · Polsterung · Kammer · Sattelgurt · Halteriemen · Steigbügel · Pauschen · Steigbügelriemen · Sattelblatt

Zwischen Sattel und Pferderücken wird zusätzlich eine Unterdecke eingeschnallt.

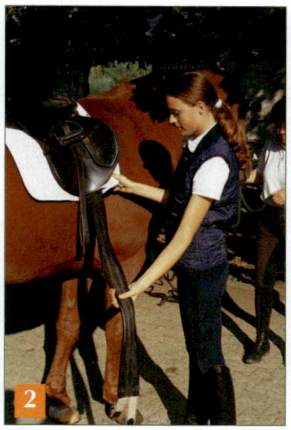

Der Sattel soll vorn nach hinten in die Sattellage gleiten.

Der Gurt wird von rechts behutsam heruntergelassen.

Auf der linken Seite wird er vorsichtig aufgenommen.

Absatteln

Schiebe vor dem Absatteln immer beide Steigbügel hoch und sichere sie bei Bedarf (durch Umschlagen der Bügelriemen) davor, wieder herunter zu rutschen. Öffne auf der linken Seite erst die vordere, dann die hintere Schnalle des Sattelgurtes. Lasse den Sattelgurt vorsichtig herunter. Jetzt kannst du den Sattel eine gute Handbreit zurückschieben und mit beiden Händen nach links herunterziehen.

Lege zum Transport den Sattelgurt über den Sattel zur Schonung des Leders vor Schweiß mit der Außenseite nach unten.

Der Gurt wird in die Gurtstrupfen eingeschnallt.

Probleme beim Satteln

Empfindet dein Pferd das Auflegen des Sattels als unangenehm, muss die Lage des Sattels unbedingt überprüft werden. Meist ist die Gegenwehr Folge von Unbehagen und Schmerzen, die durch einen nicht passenden Sattel verursacht wurden.

Durch rasches, festes Anziehen des Sattelgurtes kann Sattelzwang entstehen, der sich im Schnappen des Pferdes nach dem Betreuer, im Einzelfall sogar bis zur Panik steigert. Dagegen hilft es, den Sattelgurt zunächst nur sehr lose zu schließen und in Etappen anzugurten. Ein Gurt mit elastischen Einsätzen bietet dem Pferd möglicherweise Erleichterung.

9

Wichtig zu wissen

■ Jede Pferdeausrüstung muss fachgerecht und sicher sein.
■ Alle Ausrüstungsteile müssen regelmäßig gereinigt und gepflegt werden.
■ Ein angebundenes Pferd wird erst gesattelt, dann aufgetrenst.
■ Ein nicht angebundenes Pferd wird erst aufgetrenst und dann gesattelt.
■ Sichere ein nicht angebundenes Pferd bei allen Handgriffen am Sattel, indem du einen Arm durch den Zügel steckst.
■ Musst du dein Pferd in der Box satteln und trensen, binde es zuvor an.

Bandagen

Bandagen sind Binden für die Pferdebeine aus unterschiedlichem Material. Sie können als Schutz bei der Arbeit, im Stall und als Verbände für die Behandlung mit Wärme, Kälte oder für Packungen verwendet werden. Ähnlich wie Binden werden Bandagen spiralförmig überlappend gewickelt. Damit eine Bandage hält, muss sie erst von oben nach unten und dann wieder aufwärts angelegt werden. Bandagen und ihre Verschlüsse dürfen nicht auf die Sehnen drücken. Am rechten Beinpaar soll rechtsherum, am linken Beinpaar linksherum bandagiert werden. Verschlüsse mit Knoten oder Schleifen sollten nur an der Außenseite des Beines liegen und nicht auf die Sehnen drücken. Praktischer sind die gängigen Bandagen mit Klettverschlüssen, die keinen Druck befürchten lassen.

Die genaue Wickeltechnik und Lage am Bein richtet sich nach dem Zweck der Bandage. Soll sie längere Zeit am Pferdebein verbleiben, muss unbedingt ein dafür im Handel erhältliches Polster unterlegt werden. Bandagierunterlagen und -kissen gibt es in verschiedenen Größen.

Safety first

Bandagiere nur, wenn du die Wickeltechnik beherrscht. Lass dir das richtige Anlegen der Bandage auf jeden Fall von einem/r Fachmann/-frau zeigen.

Unterlagen, die am Fesselkopf und am Vorderfußwurzelgelenk oder am Sprunggelenk weit überstehen, sind für den Gebrauch im Stall geeignet. Bandagen unterscheiden sich in Material, Länge und Breite, Elastizität, Haftfähigkeit, in den Verschlusstechniken und in ihrer Zweckbestimmung. Bandagen so anzulegen, dass sie auch beim Reiten sicher halten, erfordert viel Übung. Zu straff angezogene Bandagen reiben und rufen Durchblutungsstörungen hervor, zu lockere Bandagen rutschen und können Unfälle verursachen. Es kann Sand eindringen und reiben, und bei Nässe verändert sich möglicherweise die Elastizität des Materials. Alle Bandagen werden mit der Außenseite nach innen aufgewickelt. Dann rollen sie beim Anlegen richtig von der Hand ab.

Anlegen einer Stallbandage

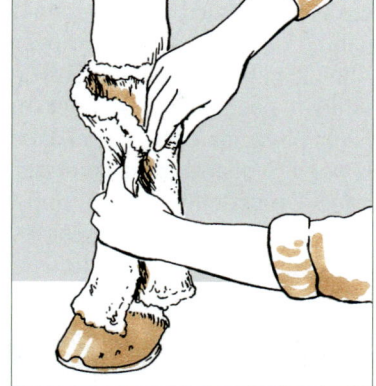

Zuerst wird die Unterlage möglichst faltenfrei angelegt.

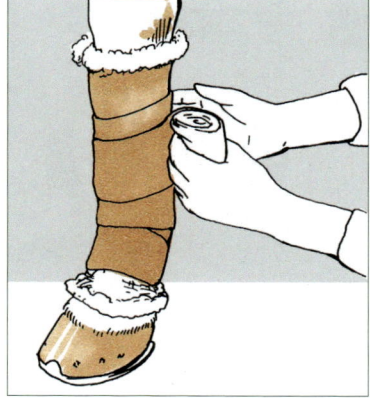

Gewickelt wird von oben nach unten und wieder nach oben.

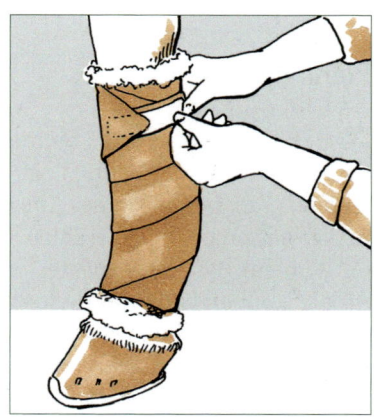

Der Verschluss soll oben an der Außenseite des Beins liegen.

Gamaschen

Zum Schutz der empfindlichen Pferdebeine vor Verletzungen beim Reiten und beim Transport bietet der Reitsporthandel außer Bandagen eine Fülle von Gamaschen mit unterschiedlichem Schnitt und aus verschiedenen Materialien an. Gamaschen für die Hinterbeine sind etwas höher und breiter geschnitten als für die Vorderbeine – mit Ausnahme der kurzen Streichkappen, die nur den Fesselkopf bedecken. Alle Gamaschen werden von vorne nach hinten geschlossen; die Verschlüsse liegen immer auf der Außenseite des Pferdebeines.

Nicht passende oder zu locker angebrachte Gamaschen rutschen und können Scheuerstellen verursachen, zu fest geschnürte Gamaschen rufen Druckstellen hervor, und unter den Gamaschen können sich Sand und kleine Fremdkörper festklemmen und ebenfalls scheuern.

Auf jeden Fall ist es sehr wichtig, die Gamaschen nach jedem Gebrauch gründlich zu reinigen.

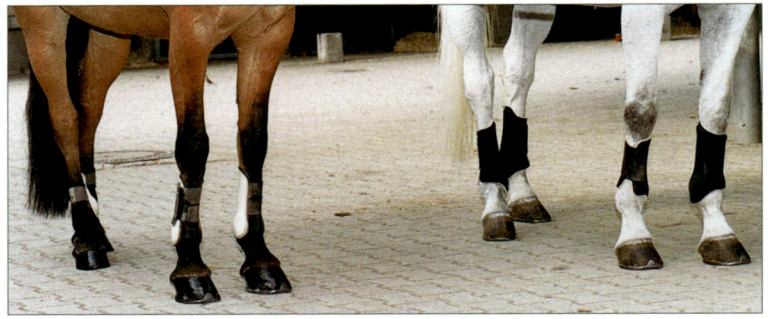

Vorne: Offene Spring-Gamaschen
Hinten: Streichkappen

An allen vier Beinen:
Weiche Neopren-Gamaschen

Pferdedecken

Da Pferde nicht so temperaturempfindlich sind, brauchen sie in der Regel keine Decken. Unbedingt eingedeckt werden müssen im Winter nur geschorene Pferde. Eine Stalldecke für den Winter ist dem Bedarf entsprechend zu wählen.

Bei kühlem, windigen Wetter empfiehlt es sich generell, nach der Arbeit vorübergehend eine Abschwitzdecke aufzulegen. Solche Decken leiten die Feuchtigkeit von der Haut des Pferdes ab und lassen sie an der Außenseite verdunsten.

Decken müssen zur Rückenlänge und zum Halsansatz des Pferdes passen, damit sie keine Druck- und Scheuerstellen verursachen. Auch wenn Pferde im Winter eingedeckt sind, sollten sie regelmäßig geputzt werden.

Wichtig zu wissen

- Bandagen und Gamaschen bieten empfindlichen Pferdebeinen Schutz. Bandagen können auch der Anwendung von Kälte- oder Wärmebehandlungen dienen.
- Sollen Bandagen längere Zeit am Pferdebein bleiben, muss ein Polster unterlegt werden.
- Sie dürfen nicht zu locker und nicht zu straff angebracht werden.
- Die Verschlüsse sollen immer an der Außenseite des Beines liegen.

Tipps für die Prüfung

 <u>Übe</u> die fachgerechten Handgriffe für das Auf- und Abtrensen sowie das Auf- und Absatteln an mehreren Pferden.

 <u>Gewöhne</u> dir an, die Ausrüstung eines Pferdes zu kontrollieren, bevor du aufsitzt.

 <u>Versuche</u>, auf den ersten Blick zu erkennen, ob Gamaschen für Vorder- oder Hinterbeine geeignet sind und ob sie zum rechten oder linken Beinpaar gehören.

 <u>Lege</u> einem Pferd für die Arbeit Gamaschen an und kontrolliere den Sitz.

 <u>Versuche</u>, unter fachgerechter Anleitung eine Bandage anzulegen.

 <u>Lerne</u> die verschiedenen Verschluss-Systeme der Pferdedecken kennen.

Gesund oder krank?

In einem großen Reitstall lassen viele Pferdebesitzer ihre Pferde an Heiligabend und am ersten Weihnachtsfeiertag stehen. Strahlendes Wetter veranlasst eine Gruppe von Reitern, am zweiten Feiertag gemeinsam auszureiten. Die Pferde sind nach den Stehtagen überaus munter, und so wird der Ausritt flotter als geplant. Auf halber Strecke zeigt ein Pferd plötzlich Krankheitsanzeichen, beginnt stark zu schwitzen, bewegt sich steif und kommt nach kurzer Zeit kaum noch vorwärts.

Kreuz- oder Nierenverschlag, Lumbago, ist eine typische Feiertagskrankheit. Sie tritt bevorzugt bei plötzlicher Belastung nach Stehtagen auf. In diesem Stall waren die Pferde über Weihnachten trotz mangelnder Bewegung wie üblich gefüttert worden.

Wichtig zu wissen

Krankheitsanzeichen
- Über- und Untergewicht
- Stumpfes Fell
- Teilnahmslosigkeit
- Verweigern von Futter, nicht fressen
- Hautveränderungen
- Verletzungen
- Entzündungen der Haut
- Schwellungen der Haut
- Krusten-, Borken- oder Schorfbildung
- Scheuern; kahle Stellen
- Rötung der Haut
- Nässen der Haut
- Tränende Augen
- Husten
- Nasenausfluss
- Atemnot

Pferdegesundheit

Jeder Pferdehalter muss über den Gesundheitszustand seines Pferdes wachen. Das ist leichter gesagt als getan: nicht alle Krankheitsanzeichen sind so leicht zu erkennen wie eine schwere Verletzung oder ein heftiger Husten.

Auch wenn du natürlich nie völlig sicher sein kannst – es gibt eine Reihe von Anzeichen, die dir signalisieren, ob das Pferd gesund oder krank ist. Ein gesundes Pferd hat wache Augen und ein lebhaftes Ohrenspiel, ein glattes und glänzendes Fell und frisst mit Appetit. Jedes außergewöhnliche Benehmen eines Pferdes, sei es ungewohnt teilnahmsloses Verhalten oder Unruhe, verbunden mit Scharren oder Wälzen, kann dagegen ein Alarmsignal sein. Grund zur Besorgnis ist es auf jeden Fall, wenn ein Pferd Futter in der Krippe lässt. Deutliches Über- und Untergewicht sind zu vermeiden, da sie Gesundheit und Leistungsvermögen beeinträchtigen und zu Krankheiten führen können.

Die PAT-Werte

Einen guten Aufschluss darüber, ob ein Pferd gesund und leistungsfähig ist, geben die so genannten PAT-Werte: du erhältst sie durch Messen von Puls, Atemzügen und Temperatur.

Den Puls des Pferdes kannst du an der Innenseite der Ganaschen fühlen. Die Atemzüge erkennst du leicht am Einatmen und Ausatmen der Luft durch die Nüstern oder das Heben und Senken der Flanken. Und schließlich kannst du auch beim Pferd Körpertemperatur messen, am besten mit einem Digitalthermometer im After. Stelle dich beim Temperaturmessen seitlich dicht neben das Pferd. Befestige das Fieberthermometer mit Hilfe einer Wäscheklammer und eines Schnürchens am Schweif und halte das Thermometer oben unbedingt mit den Fingern fest, so ist es bei unvorhergesehenen heftigen Bewegungen des Pferdes am besten gesichert. Vor dem Einführen des Fieberthermometers solltest du die Spitze mit Vaseline einreiben oder mit Wasser benetzen, um die Schleimhaut des Afters nicht zu verletzen. Nach rund 3 Minuten kannst du die Temperatur ablesen.

Fette das Fieberthermometer ein, halte es während des Messens fest und befestige es zusätzlich noch sicherheitshalber mit einer Wäscheklammer am Pferdeschweif.

- Schwellungen der Beine
- Steifer, unregelmäßiger Gang
- Lahmen
- Lähmungen
- Ungewohnte/unverständliche Widersetzlichkeit beim Reiten, Fahren, Longieren
- Scharren; Unruhe
- Starkes Schwitzen
- Sich hinlegen und wieder aufstehen
- Heftiges Schweifschlagen, Umschauen zum Pferdebauch
- Häufiges Gähnen
- Flehmen (Hochheben der Oberlippe)
- Erhöhte oder erniedrigte Temperatur
- Erhöhte Pulswerte
- Erhöhte Atemwerte

10

Bei großer Anstrengung steigern sich die PAT-Werte enorm. Tierärzte entscheiden während der vorgeschriebenen Verfassungsprüfungen bei Geländeritten im Vielseitigkeits- und Distanzsport anhand der PAT-Werte, ob ein Pferd weiterhin an einer Prüfung teilnehmen kann oder aufhören muss.

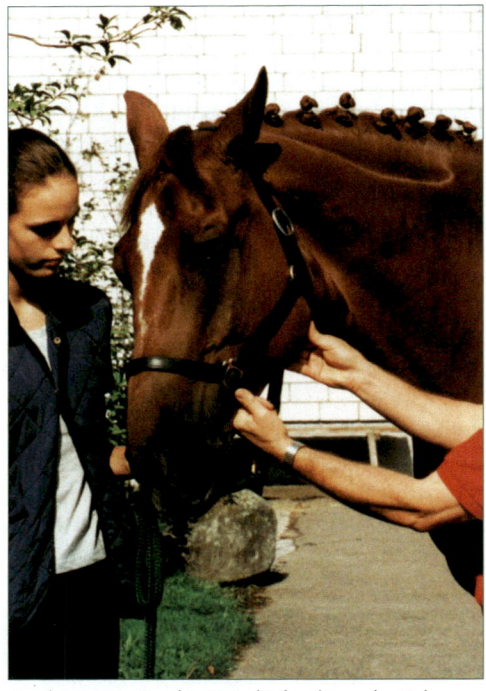

An der Innenseite des Unterkiefers kann der Puls gefühlt werden.

Safety first
Schone jedes Pferd mit Krankheitsanzeichen oder dessen PAT-Werte nicht im Normalbereich liegen. Überforderung kann eine Krankheit verschlimmern oder zu chronischen Schäden führen.

PAT-Werte im Überblick

Werte	Ruhezustand	große Anstrengung
Puls		
Pferd	28 – 40/Min	
Fohlen	ca. 80/Min	bis 220/Min
Atmung		
Pferd	8 – 16/Min	
Fohlen	24 – 30/Min	bis zu 80 – 100/Min
Temperatur		
Pferd	37,5 – 38,2°C	
Fohlen	37,5 – 38,5°C	maximal 41°C

Gesundheitsvorsorge

Grundsätzlich ist Vorbeugen auch bei Pferden immer besser als heilen. Pferde werden sehr häufig von Parasiten im Verdauungsbereich (Würmern) befallen. Wurmbefall kann zu ganz verschiedenen Anzeichen führen: verzögerter Fellwechsel, stumpfes Fell, Abmagerung und Magen-Darm-Erkrankungen bis hin zu Koliken. Daher müssen jedem Pferd regelmäßig Wurmkuren verabreicht werden, mindestens 2- bis 3-mal im Jahr, auf jeden Fall im Frühjahr und Herbst/Winter. Die Untersuchung einer frischen Kotprobe durch einen Tierarzt kann Aufschluss über den Umfang und die Art des Wurmbefalls und über das passende Wurmmittel geben. Denn nicht jede Wurmkur eignet sich für jede Parasitenart! Fachkundige Beratung durch den Tierarzt ist hier wichtig. Lass dir vom Tierarzt auch zeigen, wie die Wurmkur verabreicht wird.

Spätestens, wenn ein Pferd auffallend lange und schwerfällig kaut oder kleine Futterklumpen in der Krippe zurückbleiben, besteht der Verdacht auf so genannte Hakenbildung an den Backenzähnen. Oft nutzen sich die gegenüberliegenden Kauflächen der Backenzähne nur unregelmäßig ab. Die überstehenden Kanten können Verletzungen an der Zunge und in der Maulschleimhaut hervorrufen. Deshalb führt die Hakenbildung oft auch zu Problemen bei der Arbeit mit den Pferden. Ihnen entstehen durch das Gebiss und die Anregung zum Kauen zusätzliche Schmerzen. Daher sollte der Tierarzt mindestens zweimal jährlich die Zähne eines Pferdes kontrollieren.

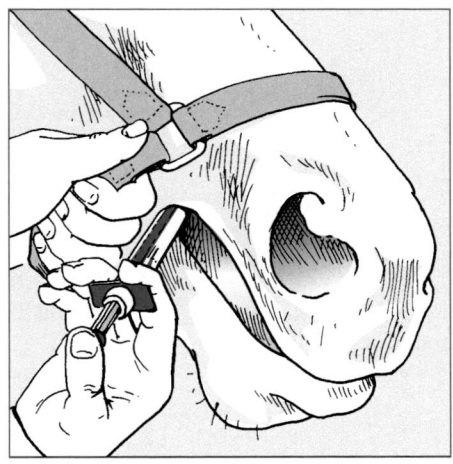

Medikamente wie eine Wurmkur können mit einer großen Spritze direkt ins Pferdemaul eingegeben werden.

Impfungen

Wie Menschen können auch Pferde durch Impfungen vor ansteckenden Erkrankungen geschützt werden. Ab dem 1. Januar 2000 müssen alle Pferde und Ponys, die an Turnieren – gleich welcher Leistungsklasse – teilnehmen, gegen die Pferdegrippe „Influenza" geimpft werden. Der Pferdepass, in dem die Impfungen eingetragen sind, muss aufs Turnier mitgeführt und auf Verlangen vorgezeigt werden.

Die Impfung gegen Influenza beginnt mit einer Grundimmunisierung, bestehend aus einer Serie von drei Impfungen in festgelegten Abständen. Zwischen der 1. und 2. Impfung dürfen mindestens 28, höchstens 70 Tage liegen. Nach weiteren 14 Tagen ist der erste Turnierbesuch erlaubt. Die 3. Impfung erfolgt im Abstand von 6 Monaten +21 Tagen. Weitere Auffrischungsimpfungen müssen ebenfalls im Abstand von 6 Monaten +21 Tagen erfolgen. Zwischen einer Auffrischungs-Impfung und einem Turnierstart müssen 7 Tage liegen.

Da die Erreger des Wundstarrkrampfes (Tetanus) im Pferdestall außerordentlich gut gedeihen, sollte ausnahmslos jedes Pferd vorsorglich gegen Tetanus geimpft werden. Auch jeder Reiter braucht einen Impfschutz gegen Tetanus!

Eine weitere Impfung ist für Pferde empfehlenswert: die Vorsorge gegen Herpes-Viren. Sie können heimtückische, chronische Erkrankungen hervorrufen und Pferde auf Dauer in ihrer Leistungsfähigkeit beeinträchtigen. In tollwutgefährdeten Gebieten ist es außerdem ratsam, Weidepferde gegen Tollwut zu impfen.

Wichtig zu wissen

- ■ **Präge dir die PAT Werte des gesunden Pferdes im Stall ein: 28 bis 40 Pulsschläge pro Minute, 8 bis 16 Atemzüge pro Minute, 37,5 bis 38,2°C Körpertemperatur.**
- ■ **Jedes Pferd muss auf Wurmbefall kontrolliert und 2- bis 3-mal im Jahr entwurmt werden.**
- ■ **Die Zähne der Pferde müssen regelmäßig kontrolliert und bei Bedarf (Hakenbildung) vom Tierarzt abgeraspelt werden.**
- ■ **Die Impfung gegen Pferdegrippe (Influenza) ist für alle Turnierpferde vorgeschrieben. Impfschutz besteht nur, wenn das Pferd nach einer Grundimmunisierung in vorgeschriebenen Abständen nachgeimpft wird.**
- ■ **Impfungen gegen Tetanus werden dringend empfohlen.**
- ■ **Putze zum Schutz vor der Übertragung von ansteckenden Krankheiten jedes Pferd nur mit seinem eigenen Putzzeug.**
- ■ **Verwende nicht das gleiche Halfter, die gleiche Trense, Sattelunterdecke oder Decke für verschiedene Pferde.**

Erkennen von Krankheiten und erste Hilfe

Um äußere Krankheitsanzeichen zu erkennen, musst du die Haut des Pferdes sorgsam beobachten und abtasten. Das sollte bei der täglichen Pflege für dich zur Routine gehören. Vergiss die weniger leicht zugänglichen Stellen dabei nicht, den Bauch und die Innenseite der Beine.

Jede schwer wiegende Erkrankung eines Pferdes ist ein Fall für den Tierarzt. Dennoch kannst du in einigen Fällen erste Hilfe leisten, zumindest bis der Tierarzt eingetroffen ist. Leicht zu erkennen sind äußerliche Wunden und Verletzungen. Während Verletzungen mit Durchtrennung der Haut vom Tierarzt behandelt werden müssen, kannst du kleine Hautabschürfungen selbst mit einem speziell für Wunden geeignetem Desinfektionsmittel einmalig behandeln. Im Sommer solltest du aufpassen, dass sich selbst auf kleine, unbedeutend erscheinende Wunden keine Fliegen setzen, die dort ihre Eier ablegen. Das kann nämlich zur Folge haben, dass sich diese Wunden entzünden, nässen und sehr schlecht heilen. Deshalb lass dir am besten eine entsprechende Salbe vom Tierarzt zum Abdecken dieser erkrankten Stellen geben.

Es sei darauf hingewiesen, dass sich jede noch so kleine, fast unsichtbare Wunde (z.B. Gabelstich) infizieren und zu einer extrem starken Schwellung mit einer Entzündung der Unterhaut (Einschuss) führen kann. Die Behandlung eines Einschusses kann sehr langwierig und schwierig sein.

Größere Wunden sowie tiefe Riss- und Stichwunden muss der Tierarzt schnellstmöglich versorgen. Wunden, die der Tierarzt versorgen muss, solltest du bis zu dessen Eintreffen nicht selbst säubern oder desinfizieren.

Verletzungen an dem empfindlichen Auge und den Augenlidern müssen grundsätzlich und umgehend von einem Tierarzt behandelt werden.

Unregelmäßigkeiten, die du an der Hautoberfläche fühlen kannst (Schuppen, Schorf, Hautanschwellungen, Haarausfall, Knötchen, Juckreiz), können auch auf einen beginnenden Befall mit Pilzen oder Milben hinweisen. Pilze und Milben sind ansteckend und behandlungsbedürftig. Der Tierarzt hat dafür entsprechende Mittel. Frühzeitige Behandlung ist gerade bei Pilzerkrankungen notwendig, da sie sich durch Berührung und Übertragung mit dem Putzzeug, der Ausrüstung und der Einstreu explosionsartig im Pferdebestand eines Stalls ausbreiten können. Putzzeug, Ausrüstung wie auch der Stall sind zu desinfizieren.

Als Vorbeugung sollte grundsätzlich jedes Pferd sein eigenes Putzzeug und seine eigene Ausrüstung haben, die regelmäßig gereinigt und gepflegt werden müssen.

Schwellungen, die du selbst beim Abtasten entdeckst, können verschiedene Ursachen haben: z.B. Druck von Sattel, Trense, Gurt oder anderen Teilen der Ausrüstung. Hier musst du kühlen, die betroffenen Stellen schonen und die Ausrüstung überprüfen, gegebenenfalls abändern.

Aber auch wenn Sehnen, Bänder und Gelenke des Pferdes erkranken, treten Schwellungen auf. Diese Anzeichen muss jeder Pferdehalter sehr ernst nehmen: Sie sind häufig ein Zeichen von Überforderung. Das betroffene Bein wird, sofern es sich wärmer anfühlt als die anderen Gliedmaßen, zunächst gekühlt. Zum Kühlen von warmen Schwellungen eignet sich insbesondere Wasser, da es die Haut nicht reizt. Der Tierarzt sollte über die Schonung bzw. über den Einsatz des Pferdes entscheiden.

Lahmheiten

Eines der bekanntesten Anzeichen für eine Pferdeerkrankung ist die Lahmheit. Hierbei belastet das Pferd das betroffene Bein nicht. Am leichtesten erkennst du, ob und auf welchem Bein ein Pferd lahmt, wenn du es im Trab beobachtest. Zu diesem Zweck lässt du das Pferd auf einer ebenen Fläche vortraben (siehe Seite 87). Im Trab berühren die diagonalen Beinpaare abwechselnd den Boden – jede kleine Veränderung des gleichmäßigen Zweitaktes ist gut zu sehen. Kannst du nicht auf Anhieb erken-

Ein lahmendes Pferd versucht, das betroffene Bein zu entlasten und zu schonen. Es „fällt" auf das gegenüberliegende Bein.

nen, auf welchem Bein ein Pferd lahmt, dann stelle dir vor, dass es versucht, das betroffene Bein zu entlasten; es „fällt" dabei auf das gegenüberliegende, gesunde Bein.

Jede Lahmheit – auch alle ungewohnt steifen und unregelmäßigen Bewegungen eines Pferdes – haben einen Grund. Schone das Pferd während dieser Zeit und finde die Ursache mit dem Tierarzt heraus. Ein Grund für eine plötzlich auftretende starke Lahmheit kann z.B. ein Fremdkörper in der Hufsohle des Pferdes sein. Eine Scherbe, ein Nagel oder ein Stein kann in den Huf eingedrungen sein und sehr starke Schmerzen verursachen. Da der Gegenstand bei jedem Schritt des Pferdes noch schlimmere Verletzungen anrichten kann, darfst du ihn entfernen. Es wäre jedoch besser, den Tierarzt unmittelbar nach Feststellung eines Nagels, einer Scherbe o.Ä. zu rufen und ihm die Entfernung zu überlassen. Bei einer solchen Verletzung ist es sehr wichtig, dass das Pferd gegen Tetanus geimpft ist oder in den nächsten Stunden vom Tierarzt geimpft wird.

Safety first
Verbände sollte immer der Tierarzt anlegen, da schlecht angelegte Verbände mehr schaden als nützen.

Alarmsignal Husten

Kontrolliere regelmäßig den Kopf des Pferdes: Sind die Augen klar, tränt ein Auge, zeigen die Nüstern weißlichen oder gar gelben Ausfluss? Hustet das Pferd?

Husten kann verschiedene Ursachen haben: z.B. eine Erkrankung der oberen Atemwege, also eine Bronchitis, mit möglichen Komplikationen, nämlich einer Lungenentzündung.
Werden solche akuten Krankheiten nicht behandelt oder nicht ausgeheilt, dann kann es zur chronischen Bronchitis des Pferdes kommen. Es leidet dauerhaft an einem trockenen, quälenden Husten. Diese Pferde benötigen sehr viel frische Luft. Sie können unter Umständen nur noch schonend geritten werden. Betrifft die chronische Erkrankung die Lunge und/oder das Herz, spricht man von einer Dämpfigkeit des Pferdes. Als Kennzeichen gilt die an der seitlichen Bauchwand quer verlaufende Dampfrinne.

Trockener Husten in Verbindung mit hohem Fieber kann aber auch den Beginn der gefürchteten Influenza (Pferdegrippe) anzeigen. Diese Erkrankung ist hoch ansteckend. Vor Ansteckung kann eine Impfung schützen (siehe Seite 131).

Zunehmend häufiger tritt bei Pferden auch allergischer Hustenreiz auf. Allergie-Auslöser sind häufig schlechtes Stroh und Heu oder Staub. In diesem Fall wird das Heu angefeuchtet und das Pferd möglichst auf staubfreie Späne gestellt. Das Pferd sollte weder beim Streuen und Fegen dem Staub ausgesetzt sein noch einer staubigen Reithalle oder einem staubigen Reitplatz. Wenn sich diese Pferde sehr viel oder ständig an frischer Luft aufhalten, kann sich ihr Gesundheitszustand erheblich verbessern.

Achtung, Lebensgefahr!

Anzeichen von Erkrankungen des Verdauungsapparates müssen bei Pferden ganz besonders ernst genommen werden: Kolik ist der Sammelbegriff für alle Erkrankungen, die Bauchschmerzen auslösen: z.B. Magenüberladung, Darmverschluss, Verstopfung (auch durch Wurmlarven), Vergiftung, Sandfressen, Aufblähung. Pferde reagieren mit deutlichen Schmerzanzeichen auf eine Kolik: z.B. mit Unruhe, Schwitzen, Scharren, heftigem Hinwerfen und Wälzen oder aber auch mit Fressunlust, Teilnahmslosigkeit, häufigem Liegen, Gähnen, Flehmen und Umschauen zum Bauch.

Ein Pferd mit Kolikanzeichen darf kein Wasser und Futter aufnehmen. Im Winter sollte es warm eingedeckt, bei Hitze so kühl wie möglich untergebracht werden. Bei einigermaßen ruhigem Allgemeinbefinden kann es geführt werden – am besten auf weichem Untergrund, falls es sich zum Wälzen hinlegt. Ein Pferd mit hochgradiger Kolik muss in eine geräumige, dick eingestreute Box oder in eine Halle oder einen Paddock gebracht werden, damit es sich beim heftigen Wälzen nicht festlegt.

Besteht Verdacht auf Vergiftung, darf das Pferd ebenfalls kein Wasser oder Futter zu sich nehmen. Für den Tierarzt ist es wichtig zu wissen, welche Pflanzen bzw. Giftpflanze das Pferd zu sich genommen hat. Aus diesem Grund solltest du dich unbedingt über Pflanzen informieren, die für Pferde gefährlich oder sogar tödlich sind.

Lebensbedrohlich für das Pferd ist Futteraufnahme auch bei einer Schlundverstopfung, das heißt, wenn zu große, hastig heruntergeschlungene oder aufgequollene Futtermittel (trockene Rübenschnitzel, trockene Weizenkleie) oder in seltenen Fällen ganze Äpfel oder Möhren in der Speiseröhre klemmen. Da das Pferd keine Luft mehr bekommt, muss unverzüglich der Tierarzt benachrichtigt werden. Bis zu seinem Eintreffen muss der Kopf tief gehalten werden.

Safety first

Bei Kolik, Vergiftung und Schlundverstopfung besteht akute Lebensgefahr. Der Tierarzt muss so schnell wie möglich kommen!

Typische Pferdekrankheiten im Überblick

- **Strahlfäule** – durch Bakterien ausgelöste, übel riechende Fäulnisvorgänge im Huf. Wird durch zu feuchte Einstreu, mangelnde Pflege und Ernährungsfehler ausgelöst. Behandlung nach Maßgabe von Tierarzt oder Schmied! Außerdem saubere, trockene Einstreu.
- **Mauke** – nässender Ausschlag im Bereich der Beine, vorwiegend in den Fesselbeugen. Ansteckungsgefahr. Ursache: Nässe, schmutzige Einstreu, Bakterien. Der Heilungsprozess ist meist langwierig – Salbe vom Tierarzt besorgen; Fesselbeugen trocken halten!
- **Hufgeschwür** – eitriger Abszess durch in den Huf eingedrungene Bakterien oder durch Verletzung. Pferde lahmen heftig! Ursache: abgekapselte Entzündungen; Tierarzt/Schmied benachrichtigen.
- **Hufrehe** – schwere und sehr schmerzhafte Entzündung der Huflederhaut. Die Huflederhaut liegt im Innern des Hufes und verbindet die Hufsohle und das Hufbein. Die Pferde versuchen, die Vorderbeine zu entlasten, sie fußen auf den Trachten (siehe Seite 112, Abb. Huf). Lebensbedrohlich! Hauptursache: insbesondere die Überfütterung von Ponys mit zu viel Eiweiß (Kraftfutter oder zu viel frisches Gras).
- **Ballen- oder Kronentritt** – offene Verletzungen an Ballen oder Krone, meist verursacht vom Pferd selbst, tierärztliche Überwachung ratsam.
- **Kreuzverschlag** – auch als Feiertagskrankheit oder Lumbago bezeichnet: angeschwollene, harte Kruppenmuskulatur, zittern, schwitzen, steife Hinterhand, Einknicken. Ursachen: Kann durch zu eiweißreiche Fütterung bei zu wenig Bewegung (z.B. nach Stehtag) hervorgerufen werden. Führt zu einer Schädigung der Muskulatur; lebensbedrohlich!
- **Hufrollenentzündung, Spat, Schale und Gelenkmäuse (-chips)** – sehr häufig verbreitete chronische, meist unheilbare Gelenkerkrankungen: führen oft zum chronischen Lahmen. Ursachen: ständige Überanstrengungen, unsachgemäßes Reiten, nicht ausgeheilte akute Verletzungen, zu wenig Bewegung, eine unausgewogene Fütterung, genetische Veranlagung. Diese Krankheiten kann der Tierarzt mit Hilfe von Röntgenaufnahmen feststellen. Mit Hilfe von Medikamenten und Spezialbeschlägen, eventuell auch operativ kann eine Linderung der Schmerzen erreicht werden.

Minderung der Leistungsfähigkeit

Chronische, das heißt unheilbare Krankheiten beeinträchtigen die Leistungsfähigkeit eines Pferdes und damit zugleich seinen finanziellen Wert. Daher ist der Besitzer eines Pferdes verpflichtet, beim Verkauf einen möglichen Interessenten über ihm bekannte chronische Erkrankungen zu informieren.

Zu den bereits beschriebenen Krankheitsbildern wie **Dämpfigkeit** (Seite 135) und **chronische Gelenkserkrankungen** (Seite 137) kommen noch einige andere typische Krankheitsbilder. Das **Kehlkopfpfeifen** – auch kurz als „Ton" bezeichnet – ist ein Erkrankung der oberen Atemwege. Eine Operation kann in manchen Fällen Abhilfe leisten. Die unheilbare **Periodische Augenentzündung** kann zu einer Erblindung des betroffenen Auges führen. Auch chronische Erkrankungen der Sehnen und Bänder und die Unart **Koppen** (beständiges Luftschlucken, siehe Seite 43) müssen einem potenziellen Käufer mitgeteilt werden.

Eintrag im Equidenpass (Pferdepass)

In der EU gelten Pferde als Lebensmitteltiere – das heißt, sie sind zum menschlichen Verzehr bestimmt. Daher dürfen Pferde nur mit Medikamenten behandelt werden, die für den Gebrauch Lebensmittel liefernder Tiere zugelassen sind. Die Behandlung mit Arzneimitteln, die Rückstände im Pferdekörper hinterlassen, ist verboten. Andere Medikamente dürfen nur unter Einhaltung einer besonderen Wartezeit eingesetzt werden.

Jeder Pferdebesitzer kann entscheiden, ob er sein Pferd als Lebensmitteltier (Empfehlung der FN) oder als Nicht-Lebensmitteltier einstufen lassen will. Diese Einstufung wird von dem Besitzer und vom Tierarzt im Equidenpass schriftlich festgehalten. Eine Entscheidung zum Nicht-Lebensmitteltier kann nicht widerrufen werden. Der Tierarzt **muss** beim Lebensmitteltier jede Behandlung mit nicht-zugelassenen Medikamenten eintragen. Beim Nicht-Lebensmitteltier **kann** er ebensolche Behandlungen eintragen.

Ein Pferd, das als Nicht-Lebensmitteltier eingestuft ist, darf der Nahrungskette nicht wieder zugeführt werden: weder als Schlachttier noch zukünftig über eine Tierkörperverwertungsanstalt.

10

> ## *Wichtig zu wissen*
>
> ■ Lebensgefährliche Erkrankungen der Pferde:
> Kolik, Schlundverstopfung, Vergiftung,
> Hufrehe, Kreuzverschlag, arterielle
> Blutungen
> ■ Wann der Tierarzt kommen muss: bei
> Fieber, Husten, größeren, tieferen Verlet-
> zungen, Riss-, Stich und Quetschwunden;
> bei Schwellungen und Lahmheiten unklarer
> Ursache, sich ausbreitenden Hautaus-
> schlägen, deutlichen Krankheitsanzeichen
> mit unklarer Ursache

Tipps für die Prüfung

 **Gewöhne** dir an, dein Pferd beim Putzen
mit der Hand abzutasten.

 Nimm jedes Anzeichen von Erkrankungen,
auch kleinste Verletzungen, ernst.

 Nutze jede Gelegenheit, dem Tierarzt
bei der Arbeit zuzusehen.

 Frage nach dem üblichen Impfschutz und
der Verabreichung von Wurmkuren in
deinem Stall.

Verantwortung für ein Pferd

Eine jugendliche Reiterin hat von ihren Eltern ein talentiertes Reitpferd geschenkt bekommen. Nach einiger Zeit stellen sich allerdings die erwarteten sportlichen Erfolge nicht ein, dafür eine langwierige Beinverletzung. Die junge Pferdebesitzerin ist enttäuscht und fühlt sich von der Fürsorge für das Pferd überfordert. Die Eltern entschließen sich deshalb zum Verkauf des Pferdes. Weil es nur wenige Platzierungen auf Turnieren vorweisen kann und die gesundheitlichen Probleme offensichtlich sind, müssen sie beim Wiederverkauf eine hohe finanzielle Einbuße hinnehmen. Die Entscheidung für ein Pferd heißt auch, mögliche Probleme, Erkrankungen und Leistungstiefs in Kauf zu nehmen. Jeder Pferdebesitzer geht nicht nur erhebliche finanzielle, sondern auch ethische Verpflichtungen ein. Vor der Entscheidung für ein eigenes Pferd sollten auch die Schattenseiten der Pferdehaltung gründlich bedacht werden.

Die Forderungen des Tierschutzgesetzes

Für den Umgang mit Wirbeltieren sind im Tierschutzgesetz eindeutige Regelungen formuliert. Verstöße gegen das Tierschutzgesetz werden mit Geldbußen und Gefängnisstrafen bis zu 3 Jahren geahndet. Strafbar sind nicht nur Vernachlässigung und mangelnde Unterbringung und Versorgung, sondern auch Überforderung und Doping. Gesetzlich verankert ist auch die Forderung nach entsprechenden Kenntnissen und Fähigkeiten eines Tierhalters.

Tierschutz im Überblick

§ 1

Niemand darf einem Tier ohne vernünftigen Grund Schmerzen, Leiden oder Schäden zufügen.

§ 2

Wer ein Tier hält, betreut oder zu betreuen hat, muss

1. das Tier seiner Art und seinen Bedürfnissen entsprechend angemessen ernähren, pflegen und verhaltensgerecht unterbringen,
2. darf das artgemäße Bewegungsbedürfnis eines Tieres nicht dauernd und nicht so einschränken, dass dem Tier vermeidbare Schmerzen, Leiden oder Schäden zugefügt werden,

---

3. muss über die für eine angemessene Ernährung, Pflege und verhaltensgerechte Unterbringung erforderlichen Kenntnisse und Fähigkeiten verfügen.

§ 3

Es ist verboten,

... einem Tier, außer in Notfällen, Leistungen abzuverlangen, denen es wegen seines Zustandes offensichtlich nicht gewachsen ist oder die offensichtlich seine Kräfte übersteigen,

... an einem Tier bei sportlichen Wettkämpfen Dopingmittel anzuwenden

... ein Tier auszubilden oder zu trainieren, sofern damit erhebliche Schmerzen, Leiden oder Schäden für das Tier verbunden sind.

Verstöße gegen das Tierschutzgesetz

Wer tierquälerische Pferdehaltung oder andere Verstöße gegen das Tierschutzgesetz beobachtet, sollte seiner Verantwortung als Tierfreund gerecht werden. Bei jedem Landesverband (Anschriften im Anhang) kann der Kontakt zu einer Tierschutzvertrauensperson vermittelt werden. Zuständig für die Kontrolle mangelhafter Tierhaltung ist der jeweilige Amtstierarzt.

Diese Pferdehaltung verstößt gegen das Tierschutzgesetz: ein Fall für den Amtstierarzt!

Freiwillige Verpflichtung

Die Deutsche Reiterliche Vereinigung (FN) hat ein Thesenpapier über ethische Grundsätze herausgegeben, die im Verhalten gegenüber Pferden beachtet werden sollten. Alle in der FN organisierten Reiter sind aufgerufen, diesen Grundsätzen zu folgen.

DIE ETHISCHEN GRUNDSÄTZE DES PFERDEFREUNDES

1. Wer auch immer sich mit dem Pferd beschäftigt, übernimmt die Verantwortung für das ihm anvertraute Lebewesen.
2. Die Haltung des Pferdes muss seinen natürlichen Bedürfnissen angepasst sein.
3. Der physischen wie psychischen Gesundheit des Pferdes ist unabhängig von seiner Nutzung oberste Bedeutung einzuräumen.
4. Der Mensch hat jedes Pferd gleich zu achten, unabhängig von dessen Rasse, Alter und Geschlecht sowie Einsatz in Zucht, Freizeit oder Sport.
5. Das Wissen um die Geschichte des Pferdes, um seine Bedürfnisse sowie die Kenntnisse im Umgang mit dem Pferd sind kulturgeschichtliche Güter. Diese gilt es zu wahren und zu vermitteln und nachfolgenden Generationen zu überliefern.
6. Der Umgang mit dem Pferd hat eine persönlichkeitsprägende Bedeutung gerade für junge Menschen. Diese Bedeutung ist stets zu beachten und zu fördern.
7. Der Mensch, der gemeinsam mit dem Pferd Sport betreibt, hat sich und das ihm anvertraute Pferd einer Ausbildung zu unterziehen. Ziel jeder Ausbildung ist die größtmögliche Harmonie zwischen Mensch und Pferd.
8. Die Nutzung des Pferdes im Leistungs- sowie im allgemeinen Reit-, Fahr- und Voltigiersport muss sich an seiner Veranlagung, seinem Leistungsvermögen und seiner Leistungsbereitschaft orientieren. Die Beeinflussung des Leistungsvermögens durch medikamentöse sowie nicht pferdegerechte Einwirkung des Menschen ist abzulehnen und muss geahndet werden.
9. Die Verantwortung des Menschen für das ihm anvertraute Pferd erstreckt sich auch auf das Lebensende des Pferdes. Dieser Verantwortung muss der Mensch stets im Sinne des Pferdes gerecht werden.

Zu diesen Themen kann die Broschüre „Die ethischen Grundsätze des Pferdefreundes" und die Broschüre „Grundregeln des Verhaltens im Pferdesport" (kostenfrei) mit ausführlichen Erläuterungen sowie das farbige Kinderposter „Das 1 x 9 der Pferdefreunde" (0,50 Euro) in kindgerechter Aufmachung bei der Deutschen Reiterlichen Vereinigung e.V. (FN), FN Service, Warendorf, Telefon 02581 6362-222 bezogen werden. Es wird eine Versandkostenpauschale in Höhe von 3,00 Euro erhoben.

Kostenfreier Download auf www.pferd-aktuell.de/Merkblaetter

Verhaltenskodex im Pferdesport

Ohne ein ethisches Grundgerüst, das dem Menschen eine Anleitung zu verantwortungsbewusstem Handeln gibt, kommt keine zivilisierte Gesellschaft aus. Was der Philosoph Immanuel Kant 1788 als „Kategorischen Imperativ" formulierte („Handle so, dass die Maxime deines Willens jederzeit zugleich als Prinzip einer allgemeinen Gesetzgebung gelten könne"), wurde vielfach in leichter verständliche Aussagen gekleidet. Die gängigste und für das allgemeine menschliche Zusammenleben prägnanteste Formel lautet:

> **„Was Du nicht willst, das man dir tut,**
> **das füg' auch keinem anderen zu".**

Auf diesem schlichten wie simplen Grundsatz basiert die Ethik und daraus resultierend die Gesetzgebung unserer Gesellschaft. Dieser Grundsatz definiert die Verhaltensnormen, die für alle denkbaren Beziehungen zwischen Menschen Gültigkeit haben. Er umfasst also zugleich die Beziehungen zwischen Nationen, zwischen Menschen unterschiedlicher Herkunft und Glaubensrichtung, verschiedenartiger Interessengruppen, Berufskollegen, Familienmitgliedern oder zwei Partnern.

Auch der Sport als eine wichtige Säule unserer Gesellschaft ist in dieses ethische Grundgerüst eingebunden. Die moralische Kompetenz des Einzelnen und ein für alle gültiger Verhaltenskodex sind wesentliche Voraussetzungen für ein harmonisches Miteinander im Sport.

Der Pferdesport, der sich aufgrund des Umgangs mit dem Sport- und Freizeitpartner Pferd erheblich von anderen Sportarten unterscheidet, ist von einem höchst komplexen Geflecht unterschiedlicher Beziehungen gekennzeichnet. Ob Reitschüler und Reitlehrer, Turniersportler und Richter, Pferdebesitzer und Stallbetreiber/Pfleger, Verkäufer, Züchter und Käufer, Vereinsmitglied und Funktionär – an sie alle werden hohe Anforderungen gestellt. Denn neben der Notwendigkeit eines fairen Miteinanders sind sie der besonderen Verantwortung für das Pferd und seine Bedürfnisse verpflichtet. Die Beziehung des Menschen zum Pferd wurde in den „Ethischen Grundsätzen des Pferdefreundes" ausführlich aufbereitet. Die folgende Aufstellung stellt deshalb die Beziehungen der Menschen im Pferdesport in den Vordergrund.

GRUNDREGELN DES VERHALTENS IM PFERDESPORT:

1. Der Reitbetrieb muss von respektvollem Umgang miteinander geprägt sein. Unabhängig von Ausbildungsstand, sportlichem Erfolg, Reitweise, eingesetzter Pferderasse und materiellen Möglichkeiten verdient jeder Pferdesportler die gleiche Achtung und Wertschätzung.

2. Jeder Pferdesportler ist zu einer fairen und konstruktiven Auseinandersetzung mit einem Reiterkameraden verpflichtet, wenn bei diesem Missstände in Ausbildung und Umgang mit dem Partner Pferd und damit ein Verstoß gegen die „Ethischen Grundsätze des Pferdefreundes" zu erkennen sind.

3. Erfolg oder Misserfolg im Sport hängen ursächlich von reiterlichen Qualitäten ab. Die (selbst)kritische und aufmunternde Auseinandersetzung mit der Leistung des Einzelnen oder einer Gruppe ist wirkungsvoller, als die Fehlerquelle in der Eignung des Pferdes zu suchen.

4. Der Ausbilder muss in pädagogisch einwandfreiem Unterricht fachlich fundiert und motivierend lehren und zugleich Persönlichkeitsentwicklung, eigenverantwortliches Handeln und soziales Verhalten der ihm anvertrauten Schüler fördern. Er soll jederzeit Vorbild sein, ist in höchstem Maße dem Horsemanship verpflichtet und lehnt alle Formen der verbotenen Leistungsbeeinflussung ab.

5. Der Reitschüler bringt dem Reitlehrer denselben Respekt entgegen, den er von ihm erwartet oder bekommt. Ein offenes Gespräch über Ängste und Überforderung hilft mehr als eine emotionale Diskussion in der Reitbahn.

6. Eltern der Reitschüler bzw. Voltigierkinder sollen motivierend auf ihre Kinder einwirken und die Erwartungen an die sportliche Entwicklung den realen Gegebenheiten anpassen. Übertriebener Ehrgeiz der Eltern fördert Kinder und Jugendliche nicht.

7. Der Pferdesportler vertraut dem Stallbetreiber und dessen Personal sein Pferd an und erwartet eine gute Behandlung sowie eine den Bedürfnissen des Pferdes angepasste Haltung. Die erbrachte Dienstleistung des Betriebes insgesamt wie des einzelnen Mitarbeiters muss anerkannt und honoriert werden. Eventuelle Missstände sind sachlich zu diskutieren und zu beheben.

8. Der Turnierrichter muss eine Leistung vorurteilsfrei und auf der Basis seiner fachlichen Qualifikation bewerten und darf sich nie dem Verdacht der Befangenheit aussetzen.

9. Der Turniersportler hat den Urteilsspruch des Richters im beurteilenden Richtverfahren zu akzeptieren. Bleibt eine Entscheidung unverständlich, ist das klärende Gespräch mit dem Richter das einzig faire Mittel. Polemik in der Öffentlichkeit disqualifiziert den Reiter und verstößt gegen die Grundregeln des Sports.

10. Der Betreiber eines Handelsstalls bzw. der Pferdeverkäufer muss über die gesetzlichen Vorschriften hinaus im Pferdeverkauf verantwortungsvoll handeln und die Vermittlung eines Pferdes am Ausbildungsstand von Pferd und Käufer sowie an der beabsichtigten Nutzung des Pferdes ausrichten.

11. Der Funktionär im Pferdesport muss sich seiner Vorbildfunktion und besonderen Verantwortung für den Sport- und Freizeitpartner Pferd bewusst sein. Er ist nicht nur für den ordnungsgemäßen Betrieb eines Reitstalls, Verbandes, Turniers o.ä. zuständig, sondern hat zugleich als Ansprechpartner für Politik, Landwirtschaft und Wirtschaft die Interessen der Pferdesportler und Züchter wahrzunehmen und zu vertreten.

12. Jeder Pferdesportler ist Nutznießer der vorhandenen Strukturen und Möglichkeiten innerhalb seines Sports. All jene, die sich ehren- oder hauptamtlich für die langfristige Sicherung des Pferdesports als Breitensport in Natur und Umwelt sowie als Leistungssport einsetzen, verdienen Anerkennung und Unterstützung.

Das eigene Pferd

Die Verantwortung für ein eigenes Pferd setzt nicht nur angemessenes Fachwissen, Zeit und Bereitschaft zur Verantwortung, sondern auch eine entsprechende finanzielle Absicherung voraus. Neben den regelmäßigen Unterhaltskosten können sehr schnell unvorhergesehene Belastungen durch Tierarzt- und Schmiedekosten entstehen.

Pferdekauf

Ein Pferdekauf ist eine weit reichende Entscheidung mit nie völlig vorhersehbaren Folgen. Bei der Auswahl eines geeigneten Pferdes empfiehlt sich immer die Beratung durch eine(n) kompetente(n) Fachmann/Fachfrau. Der Kauf sollte in einem entsprechenden Kaufvertrag schriftlich festgehalten werden. Seit dem 01.01.2002 haben sich die gesetzlichen Grundlagen für den Pferdekauf wesentlich verändert. In Anpassung an Richtlinien der Europäischen Union werden Pferde im juristischen Sinn als „Gebrauchsgegenstände" behandelt. Dafür entfällt die ehemalige Verordnung über Hauptmängel und Gewährsfristen, die über 100 Jahre lang gültig war. Nach der neuen Gesetzgebung ist der Verkäufer verpflichtet, dem Käufer eine mängelfreie Ware zu liefern. Entdeckt der Käufer dennoch Mängel an einem Pferd, kann er unter bestimmten Voraussetzungen entweder eine „Nachbesserung" (bei Pferden nur schwer vorstellbar), einen Preisnachlass oder eine Rücknahme bzw. einen Umtausch des Pferdes verlangen. Um Käufer und Verkäufer vor unangenehmen Überraschungen und juristischen Folgen zu bewahren, sollte vor jedem Pferdekauf der Gesundheitszustand des Pferdes durch eine gründliche medizinische Untersuchung festgestellt werden.

11 Haftung und Versicherung

Jeder Pferdehalter haftet für Schäden, die sein Pferd möglicherweise anrichtet, z.B., wenn es einen Verkehrsunfall verursacht. Deshalb ist es jedem Pferdebesitzer dringend zu empfehlen, eine Tierhalter-Haftpflichtversicherung abzuschließen. In den meisten Pensionsställen werden nur Pferde aufgenommen, für die eine Haftpflichtversicherung nachgewiesen werden kann.

Wie finde ich das passende Pferd?

Was für ein Pferd soll es sein?
- Rasse, Größe, Geschlecht, Alter, Verwendungszweck und Ausbildungsstand des gesuchten Pferdes müssen zu den eigenen Möglichkeiten als Pferdehalter(in) und Reiter(in) passen!

Welche praktischen Fragen müssen geklärt werden?
- Kläre vorab, wo das Pferd untergebracht wird, welcher Tierarzt und Schmied bei Bedarf zugezogen werden sollen, welche(r) Ausbilder(in) dich anleitet und unterstützt.

Wo finde ich das passende Pferd?
- beim Züchter (Pferde aus erster Hand, aber meist nur junge Pferde),
- von Privat per Inserat in Fachzeitschriften/Internet (guter persönlicher Kontakt möglich, aber häufig wenig realistische Einschätzungen der angebotenen Pferde)
- beim Händler (größere Auswahl; Herkunft und Werdegang der Pferde oft nicht nachprüfbar)
- in Ausbildungsställen (professioneller Beritt kann eine gute Grundlage sein, aber auch über Probleme hinwegtäuschen)
- auf Auktionen (ausgesuchte Kollektion von Pferden; nur kurzes Ausprobieren möglich).

Wie probiere ich aus, ob ein Pferd zu mir passt?
- Vertraue auf deinen ersten Eindruck. Zwischen Pferd und Reiter muss die „Chemie" stimmen!
- Beobachte das Pferd im Stall und im Umgang, beim Putzen, bei der Hufpflege, beim Satteln und Auftrensen. Hat es einen vertrauensvollen Kontakt zum Menschen?
- Lass dir das Pferd evt. unter dem Sattel vorstellen und sitze nur auf, wenn es dich tatsächlich interessiert.
- Probiere das Pferd in Ruhe im Rahmen seines Ausbildungsstandes und deiner eigenen reiterlichen Fertigkeiten aus.
- Probiere das Pferd bei ernsthaftem Interesse ein zweites Mal gründlich aus (ohne dass es vorher von jemand anderem geritten wird). Wenn du mit dem Pferd später ausreiten willst, dann probiere es auch im Gelände. Ziehe für die endgültige Entscheidung einen Fachmann/eine Fachfrau zu Rat.
- Lasse vor dem endgültigen Kauf eine gründliche Untersuchung durch einen Tierarzt vornehmen.

> ## *Wichtig zu wissen*
>
> - Mit dem Kauf eines Pferdes ist eine weit reichende finanzielle Verantwortung verbunden.
> - Jeder Pferdehalter haftet für die Schäden, die sein Pferd verursacht.
> - Jeder Pferdebesitzer sollte eine Tierhalter-Haftpflichtversicherung abschließen.

Verantwortung für das Lebensende

Die Lebenserwartung von Pferden liegt im Bereich von 20 bis 35 Jahren – Ponys haben die höchste Lebenserwartung. Die wenigsten Pferde sterben an Altersschwäche. In den letzten Jahrzehnten haben die so genannten Zivilisationserkrankungen der Pferde gravierend zugenommen: chronische, unheilbare Erkrankungen der Extremitäten und der Atemwegsorgane. Die Symptome der damit verbundenen Krankheitsbilder nehmen im Endstadium schlimme Formen an. Selbst wenn die Bereitschaft dafür vorhanden ist, dem eigenen Pferd ein unbeschwertes Gnadenbrot zu gönnen, muss jeder Pferdebesitzer mit der Möglichkeit rechnen, die Verantwortung für das Lebensende seines Pferdes übernehmen zu müssen.

In der Europäischen Union gelten Pferde unabhängig von ihrer tatsächlichen Nutzung als Schlachttiere. Es existiert ein florierender Markt für Pferdefleisch, für den nicht nur Pferde in Osteuropa, sondern beispielsweise auch Kaltblüter in Frankreich oder Haflinger in Österreich speziell gezüchtet werden. Der qualvolle Transport von Schlachtpferden quer durch Europa konnte bisher durch gesetzliche Regelungen weder verhindert noch in tierschutzgemäße Bahnen geleitet werden. Jeder verantwortliche Pferdebesitzer erspart seinem Pferd ein solches Lebensende!

Wenn die Entscheidung dafür gefallen ist, dass ein Pferd von seinen Leiden erlöst werden soll, bieten sich zwei tierschutzgerechte Lösungen an: Pferde können entweder von einem Pferdemetzger mit Hilfe eines Bolzenschuss-Apparates und durch zusätzliches, sofort anschließendes Entbluten schnell und schmerzfrei getötet oder vom Tierarzt unter Betäubung eingeschläfert werden. Entscheidend ist jeweils, dass einem Pferd unnötige physische und psychische Qualen erspart bleiben.

Der Status „Schlachttier" im Pferdepass bringt mit sich, dass Pferden einige Medikamente nicht verabreicht werden dürfen. Möchte ein Pferdebesitzer die Möglichkeiten unbegrenzter Medikation nutzen, kann er im Pferdepass den Status „Nicht-Schlachttier" eintragen lassen. Diese Eintragung kann nicht wieder rückgängig gemacht werden! Das betroffene Pferd darf am Lebensende nicht geschlachtet werden. Für die Übernahme der toten Tiere durch die Tierkörperbeseitigungsanstalten entstehen dem Pferdebesitzer in Zukunft weitere Kosten.

Wichtig zu wissen

■ Da die Zahl der bei Pferden als Schlachttieren nicht anwendbaren Medikamente eher gering ist und lediglich die Anwendung der zugelassenen Medikamente im Pferdepass eingetragen werden muss, empfiehlt die Deutsche Reiterliche Vereinigung allen Pferdebesitzern, den Status „Schlachttier" beizubehalten.

Würdiger Abschied

Gerade Tierliebhaber scheuen und fürchten oft die mit dem Lebensende des eigenen Pferdes verbundenen organisatorischen Maßnahmen. Der kompetente Ansprechpartner für die praktische Entscheidung über das Lebensende eines Pferdes ist der behandelnde Tierarzt. Und für jeden Pferdebesitzer wird der schwere Abschied vom eigenen Pferd leichter, wenn er selbst einen würdigen Rahmen dafür gestaltet. Dazu gehört es, dem Pferd bis zur letzten Minute die gewohnte Fürsorge und Zuwendung zu schenken. Das Lebensende eines Pferdes kann so gestaltet werden, dass ihm Aufregung und Angst erspart bleiben.

Tipps für die Prüfung

 Schule deinen Blick für die Haltung und Behandlung von Pferden in deiner nächsten Umgebung – versuche, auf Verbesserungen bei möglichen Missständen hinzuwirken.

 Behandele jedes Pferd, mit dem du umgehst, so, als ob es dein eigenes wäre.

 Nimm die Bestimmungen des Tierschutzgesetzes ernst.

 Präge dir die „Ethischen Grundsätze des Pferdefreundes" ein und handele danach.

Für Kinder und Jugendliche gibt es ein Poster über die ethischen Grundsätze, das bei der Deutschen Reiterlichen Vereinigung e.V. (FN), Abteilung FN-Service, 48229 Warendorf, E-Mail: fn@fn-dokr.de bezogen werden kann. Kostenloser Download auf www.pferd-aktuell.de/FN-Shop

Verantwortung und fachgerechte Fürsorge erwidern Pferde durch Respekt und Vertrauen.

Pferdesportverband Baden-Württemberg e.V.
Murrstr. 1/2, 70806 Kornwestheim.
Telefon: 07154 8328-0, Fax: 07154 832829
E-Mail: info@pferdesport-bw.de
Internet: www.pferdesport-bw.de

Bayerischer Reit- und Fahrverband e.V.
Landshamer Str. 11, 81929 München,
Telefon: 089 926967250, Fax: 089 926967299
E-Mail: office@brfv.de
Internet: www.brfv.de

Landesverband Pferdesport Berlin-Brandenburg e.V.
Reiterstadion, Passenheimer Str. 30,
14053 Berlin,
Telefon: 030 30092210, Fax: 030 30092220
E-Mail: info@lpbb.de
Internet: www.lpbb.de

Pferdesportverband Bremen e.V.
Klattenweg 78, 28213 Bremen,
Telefon: 0421 6368960, Fax: 0421 6368673
E-Mail: info@pferdesportverband-bremen.de
Internet: www.pferdesportverband-bremen..de

Landesverband der Reit- u. Fahrvereine Hamburg e.V.
Glashütter Landstraße 11, 22417 Hamburg,
Telefon: 040 8503006, Fax: 040 8514233
E-Mail: info@pferdesport-hamburg.de
Internet: www.pferdesport-hamburg.de

Pferdesportverband Hannover e.V.
Hans-Böckler-Allee 20, 30173 Hannover
Telefon: 0511 325768, Fax: 0511 325759
E-Mail: info@psvhan.de
Internet: www.psvhan.de

Pferdesportverband Hessen e.V.
Wilhelmstr. 24, 35683 Dillenburg,
Telefon: 02771 8034-0, Fax: 02771 803420
E-Mail: info@psv-hessen.de
Internet: www.psv-hessen.de

Landesverband Mecklenburg-Vorpommern für Reiten, Fahren und Voltigieren e.V.
Charles-Darwin-Ring 4, 18059 Rostock
Telefon: 0381 3778735, Fax: 0381 3778917
E-Mail: pferdesportverband-mv@t-online.de
Internet: www.pferde-in-mv.de

Pferdesportverband Rheinland e.V.
Weißenstein 52, 40764 Langenfeld
Telefon: 02173 1011-100,
Fax: 02173 1011-130
E-Mail: info@Pferdesport-Rheinland.de
Internet: www.Pferdesport-Rheinland.de

Pferdesportverband Rheinland-Pfalz e.V.
Riegelgrube 13, 55543 Bad Kreuznach,
Telefon: 0671 894030, Fax: 0671 8940329
E-Mail: info@psvrp.de
Internet: www.psvrp.de

Pferdesportverband Saar e.V.
Herm.-Neub. Sportschule, Gebäude 54, 66123 Saarbrücken,
Telefon: 0681 3879-240, Fax: 0681 3879268
E-Mail: psv-saar@lsvs.de
Internet: www.pferdesportverband-saar.de

Landesverband Pferdesport Sachsen e.V.
Käthe-Kollwitz-Platz 2, 01468 Moritzburg,
Telefon: 035207 89610, Fax: 035207 89612
E-Mail: Pferdesport@sachsens-pferde.de
Internet: www.Sachsens-pferde.de

Landesverband der Reit- und Fahrvereine Sachsen-Anhalt e.V.
Parkstr. 13, 06780 Prussendorf,
Telefon: 034956 229-65, Fax: 034956 22967
E-Mail: LV-RFVSachsenAnhalt@online.de
Internet: www.pferde-sachsen-anhalt.de

Pferdesportverband der Reit- und Fahrvereine Schleswig-Holstein e.V.
Marienstr. 15, 23795 Bad Segeberg,
Telefon: 04551 8892-0, Fax: 04551 889220
E-Mail: info@pferdesportverband-sh.de
Internet: www.pferdesportverband-sh.de

Thüringer Reit- und Fahrverband e.V.
Alfred-Hess-Str.8, 99094 Erfurt
Telefon: 0361 3460742, Fax: 0361 3460743
E-Mail: info@trfv.de
Internet: www.trfv.de

Pferdesportverband Weser-Ems e.V.
Heidewinkel 8, 49377 Vechta
Telefon: 04441 9140-0, Fax: 044419140-17
E-Mail: info@psvwe.de
Internet: www.psvwe.de

Pferdesportverband Westfalen e.V.
Sudmühlenstr. 33, 48157 Münster-Handorf,
Telefon: 0251 32809-30, Fax: 0251 3280966
E-Mail: zentrale@pv-muenster.de
Internet: www.pferdesportwestfalen.de

Die neuen Reitabzeichen 10-1 nach APO 2014
LERNEN LEICHT GEMACHT – FIT FÜR DIE PRÜFUNG

Dieses Buch wurde von der Deutschen Reiterlichen Vereinigung e.V. (FN) zur Vorbereitung auf die Prüfungen der neuen Reitabzeichen 10 bis 6 und zum Basispass Pferdekunde herausgegeben. Es stammt aus der Feder der Buchautorin und Amateurreitlehrerin Isabelle von Neumann-Cosel und enthält alle wichtigen Grundlagen für die Teilprüfungen im praktischen Reiten und die Stationsprüfungen, in denen der Umgang mit dem Pferd und das theoretische Wissen abgefragt werden.

1. Auflage 2013
96 Seiten mit durchgehend farbigen Illustrationen
Format 168 x 240 mm, kt.

ISBN 978-3-88542-790-2

Ein hilfreiches Standardwerk für die Reitabzeichen 5 bis 1 und den Basispass, herausgegeben von der Deutschen Reiterlichen Vereinigung e.V. (FN), geschrieben von Michaela Otte-Habenicht.
Mit übersichtlichen Lerneinheiten und vielen Fragen am Ende jedes Kapitels und den Antworten im Anhang – hervorragend zum Lernen, ob alleine oder in der Gruppe.

13. Auflage 2014
304 Seiten mit zahlreichen Abbildungen
Format 168 x 240 mm, kt.

ISBN 978-3-88542-792-6

Die *neuen* FN-Richtlinien

Die Richtlinien für Reiten und Fahren sind mit ihren Bänden 1 bis 6 das Standardwerk und die Grundlage für die klassische Ausbildung von Pferden sowie Reitern, Fahrern und Voltigierern, die sich dieser Lehre verpflichtet fühlen. Sie vermitteln das verbindliche Basiswissen für alle Bereiche des Pferdesports und der Pferdehaltung. Zudem sind ihre Grundsätze von der Internationalen Reiterlichen Vereinigung (FEI) anerkannt.

In Anlehnung an die bewährten Reitvorschriften vorheriger Jahrzehnte soll durch die Richtlinien Band 1 eine einheitliche Grundausbildung in allen Ausbildungsbereichen gewährleistet werden. Dabei ist es unerheblich, ob der Leser sich für einen harmonischen Umgang mit dem Pferd, für breitensportliches Reiten interessiert, ob er an Ausritten oder Reitjagden teilnehmen möchte oder die Grundausbildung für den Dressur-, Spring- oder Vielseitigkeitssport vertiefen möchte. Die hier beschriebene Grundausbildung dient somit nicht ausschließlich der Vorbereitung für Turniere und Leistungsprüfungen, sie soll vielmehr die Voraussetzungen für alle pferdesportlichen Betätigungen schaffen. Die Beachtung der Grundsätze führt zu einer artgerechten Ausbildung des Pferdes und somit zu dessen Gesunderhaltung. Gleichzeitig ermöglicht sie dem Reiter Freude und vermittelt ihm Sicherheit in der Ausübung seines Sportes.

Grundausbildung für Reiter und Pferd

Richtlinien für Reiten und Fahren, Band 1
Hrsg.: Deutsche Reiterliche Vereinigung e.V. (FN)
29. Auflage 2012,
280 Seiten, mit über 200 neuen Abbildungen und Grafiken
Format 168 x 240 mm, kt.

ISBN 978-3-88542-721-6